Laserbasierte Funktionalisierung von partikulären Polyetheretherketon-Beschichtungen auf Aluminiumsubstraten mittels Zwei-Strahl-Ansatz

Laser-based Functionalization of Particulate Polyetheretherketone Coatings on Aluminum Substrates with a Dual-beam Approach

Von der Fakultät für Maschinenwesen
der Rheinisch-Westfälischen Technischen Hochschule Aachen
zur Erlangung des akademischen Grades eines
Doktors der Ingenieurwissenschaften
genehmigte Dissertation

vorgelegt von

Marius Dahmen

Berichter/in:

Univ.-Prof. Dr. rer. nat. Peter Loosen
Univ.-Prof. Dr.-Ing. Thomas Bergs

Tag der mündlichen Prüfung: 10. November 2023

ERGEBNISSE AUS DER LASERTECHNIK

Marius Dahmen

Laserbasierte Funktionalisierung von partikulären Polyetheretherketon-Beschichtungen auf Aluminiumsubstraten mittels Zwei-Strahl-Ansatz

Bibliografische Information der Deutschen Nationalbibliothek
Die Deutsche Nationalbibliothek verzeichnet diese Publikation in der Deutschen Nationalbibliografie; detaillierte bibliografische Daten sind im Internet über https://portal.dnb.de abrufbar.

Marius Dahmen:

Laserbasierte Funktionalisierung von partikulären Polyetheretherketon-Beschichtungen auf Aluminiumsubstraten mittels Zwei-Strahl-Ansatz

1. Auflage, 2023

Gedruckt auf holz- und säurefreiem Papier, 100% chlorfrei gebleicht.

Wissenschaftsverlag des Instituts für Industriekommunikation und Fachmedien an der RWTH Aachen
Steinbachstr. 25, 52074 Aachen
Internet: www.apprimus-verlag.de, E-Mail: info@apprimus-verlag.de

Druck: CPI Druckdienstleistungen GmbH, Ferdinand-Jühlke-Straße 7 I 99095 Erfurt

ISBN 978-3-98555-190-3

D 82 (Diss. RWTH Aachen University, 2023)

Zusammenfassung

Die Reduzierung von Reibungsverlusten ist im Maschinen- und Anlagenbau nach wie vor von entscheidender Bedeutung und besitzt das Potential für enorme Einsparungen von Energie, Ressourcen, Emissionen und Kosten. Reibreduzierende Beschichtungen stellen eine Möglichkeit dar, die Reibung zwischen zwei Reibpartnern signifikant zu senken. Ein möglicher reibreduzierender Beschichtungswerkstoff ist das Hochleistungspolymer Polyetheretherketon (PEEK). Konventionell wird PEEK als Pulver oder Dispersion auf ein Bauteil aufgebracht und anschließend im Ofen über der Schmelztemperatur von PEEK ($T_M \approx 340$ °C) bei Temperaturen von 380 bis 420 °C für einige Minuten bis Stunden erhitzt. Durch die große thermische Belastung des Bauteils ist die Beschichtung von temperaturempfindlichen Substraten (z. B. Aluminium EN AW-6082) nur unter signifikantem Härteverlust möglich. Ein zuvor am Fraunhofer ILT und Lehrstuhl für Technologie Optischer Systeme TOS der RWTH Aachen entwickelter Ansatz macht es möglich, PEEK-Schichten mit geringem Härteverlust auf das Substrat aufzubringen: Nach der Applikation mit partikulärem PEEK wird das Substrat mittels einer Heizplatte vorgeheizt, dann wird die PEEK-Schicht mittels Laserstrahlung aufgeschmolzen. Der Nachteil des Verfahrens ist, dass auch hier das gesamte Bauteil vorgeheizt wird, wenn auch auf kleinere Temperaturen als beim Ofenverfahren, was mit steigendem Bauteilgewicht zu einem größeren Energieverbrauch und Härteverlust im Substrat führt.

Das Ziel der vorliegenden Arbeit ist die bisherige Aufheizung des Aluminiumsubstrates mittels einer Heizplatte durch die Aufheizung mittels einer zweiten Laserstrahlquelle zu ersetzen. Dadurch soll die Substratoberfläche mit einer einzelnen Überfahrt (Aufheizzeit: < 0,1 s) aufgeheizt werden, sodass der Härteverlust im Substrat weiter reduziert wird. Die zentrale Fragestellung ist, ob eine solche kurzzeitige und lokale Aufheizung aufgrund des Transmissionsgrades des PEEKs und der Zersetzung des PEEKs bei Bestrahlung mit großen Intensitäten möglich ist. Zwei mögliche Ansätze (Zwei-Strahl-Ansätze) werden untersucht: Eine vorgeschaltete Aufheizung der Substratoberfläche mittels Diodenlaserstrahlung vor dem Schmelzen der PEEK-Schicht mittels CO_2-Laserstrahlung (Transmission durch partikuläre PEEK-Schicht) und eine nachgeschaltete Aufheizung der Substratoberfläche mittels Diodenlaserstrahlung durch die bereits mit CO_2-Laserstrahlung geschmolzene PEEK-Schicht (Transmission durch geschmolzene PEEK-Schicht).

Im ersten Teilaspekt der Arbeit wird die minimal notwendige Oberflächentemperatur des laservorbehandelten Aluminiumsubstrates bestimmt, um eine PEEK-Schicht haftfest auf der Substratoberfläche herzustellen. Eine Laservorbehandlung zum Aufrauen der Substratoberfläche erhöht die Verbundfestigkeit im Vergleich zur unbehandelten Substratoberfläche. Die minimal notwendige Oberflächentemperatur zum Erreichen einer Verbundfestigkeit von min. 5 MPa wird dadurch von 330 °C auf 260 °C reduziert. Eine weitere Vergrößerung der Oberflächentemperatur führt zu größeren Verbundfestigkeiten. Als zweiter Teilaspekt wird die maximale, kurzzeitig erreichbare Oberflächentemperatur des Substrates betrachtet, die durch drei Faktoren begrenzt wird: Den Transmissionsgrad der Schichten, die minimal erforderliche Vorschubgeschwindigkeit ohne Zersetzung der PEEK-Schicht und die Abnahme der Strahlungsintensität aufgrund von Streuung. Grundlegend darauf wird eine Simulation der Temperaturverteilung durchgeführt, um die maximalen Oberflächentemperaturen des Substrates für beide Ansätze zu ermitteln. Die nachgeschaltete Aufheizung (Transmission durch geschmolzene PEEK-Schicht) wird mit einer einzelnen Überfahrt (Aufheizzeit: < 0,1 s) umgesetzt. Für die vorgeschaltete Aufheizung (Transmission durch partikuläre PEEK-Schicht) werden mehrere Überfahrten (> 1 s) verwendet, da die notwendige Temperatur bei einer einzelnen Überfahrt nicht erreicht wird. Die Herstellung von haftfesten PEEK-Schichten ist mit dem Ansatz der nachgeschalteten Aufheizung nicht erfolgreich. Die PEEK-Schicht weist nach dem Schmelzen nicht den notwendigen Kontakt zur Substratoberfläche auf, um mit dem zweiten Laserstrahl haftfest angeschmolzen zu werden. Für die vorgeschaltete Aufheizung ist die Herstellung haftfester Schichten möglich. Die Verbundfestigkeit der Schicht und die Härte des Substrates ist abhängig von der Substrattemperatur ((7,0 ± 1,7) MPa bei 300 °C). Durch eine Reduzierung der Bearbeitungszeit bei einer konstanten Substrattemperatur von 300 °C kann der Härteverlust des Substrates auf 13,3 % im Vergleich zum Ausgangszustand reduziert werden.

Summary

Reducing friction losses continues to be of crucial importance in mechanical engineering industry and has the potential for enormous savings in energy, resources, emissions and costs. Coatings can significantly reduce friction between two friction partners. One possible friction-reducing coating material is the high-performance polymer polyetheretherketone (PEEK). Conventionally, PEEK is applied to a component as a powder or dispersion and then heated in an oven at temperatures of 380 to 420 °C for minutes to hours above the melting temperature of PEEK ($T_M \approx 340$ °C). Since there is high thermal load on the component, the coating of temperature-sensitive substrates (e.g., aluminum EN AW-6082) is only possible while the hardness decreases significantly. An approach previously developed at Fraunhofer ILT and Chair for Technology of Optical Systems TOS at RWTH Aachen makes it possible to melt particulate PEEK layers onto the substrate with reduced hardness loss: First the substrate is pre-heated by means of a hot plate then the PEEK-layer is melted using laser radiation. The disadvantage of the process is that the entire component is also pre-heated, although to lower temperatures than in the oven process, which leads to higher energy consumption and hardness loss in the substrate as the component weight increases.

The present work aims to replace the hot plate with a second laser beam source for heating the substrate. Thus, the substrate surface should be heated with a single overpass (heating time: < 0.1 s), so that the hardness loss is further reduced. The central question is whether such local and brief heating is possible due to the transmittance of the PEEK and decomposition of the PEEK when high laser intensities are used. Two possible dual-beam approaches are investigated: a pre-heating of the substrate with diode laser radiation before melting the PEEK layer with CO_2 laser radiation (transmission through particulate PEEK layer) and a post-heating of the substrate with diode laser radiation through the PEEK layer already melted with CO_2 laser radiation (transmission through molten PEEK layer).

The first aspect of the work identifies the minimum surface temperature of the laser-pretreated aluminum substrate to bond the PEEK layer on the substrate. Laser-pretreatment of the substrate surface increases the bond strength compared to that of the untreated substrate surface. The minimum surface temperature of the pretreated substrate required to achieve a bond strength of at least 5 MPa is thereby reduced from 330 °C to 260 °C. A further increase of the surface temperature results in higher bond strengths. As a second aspect, the maximum surface temperature of the substrate is investigated, which can be achieved in a single overpass (heating time: < 0.1 s) for both dual-beam approaches. The maximum surface temperature is limited by the three factors: Transmittance of the layers, the minimum required feed rate without decomposition of the PEEK layer and the decrease of the radiation intensity due to scattering. Based on these factors, a simulation of the temperature distribution is performed to identify the maximum surface temperatures for both approaches. The post-heating approach is implemented with a single overpass (heating time:< 0.1 s). For the pre-heating approach, several overpasses are used (heating time: > 1 s) because the necessary temperature is not reached with a single overpass. The production of adhesive PEEK layers is not successful with the post-heating approach, because after melting, the PEEK layer does not have the necessary contact to the substrate surface to adhere the layer to the substrate with the second laser beam. The pre-heating approach could be implemented by producing adhesive PEEK layers on the substrate. The bond strength of the layer and the hardness of the substrate depend on the temperature of the substrate ((7.0 ± 1.7) MPa at 300 °C). By reducing the heating time at a constant substrate temperature of 300 °C, the hardness loss of the substrate can be reduced to 13.3 % compared to the initial state.

Danksagung

An dieser Stelle möchte ich mich bei allen Personen bedanken, die mich während meiner Zeit am Fraunhofer ILT beruflich und privat begleitet haben. Ohne ihre Hilfe wäre diese Promotionsschrift nicht zustande gekommen.

Zuerst möchte ich mich bei meinem betreuenden Professor Herrn Univ.-Prof. Dr. rer. nat. Peter Loosen bedanken, der sich ohne zu zögern bereit erklärt hat diese Promotion zu betreuen. Meine Gespräche mit ihm haben mich stets fachlich vorangebracht und motiviert weiterzumachen. Ich danke Herrn Univ.-Prof. Dr.-Ing. Thomas Bergs für die Übernahme des Zweitgutachtens. Ferner bedanke ich mich bei Herrn Univ.-Prof. Dr.-Ing. Dirk Abel für die Übernahme des Prüfungsvorsitzes.

Bei Dr.-Ing. Christian Vedder möchte ich mich besonders Bedanken für die große Unterstützung bei der Planung, der Ausarbeitung und dem Korrekturlesen der Promotionsschrift. Durch seine Unterstützung hat diese stark an fachlicher Qualität dazugewonnen. Vor allem danke ich ihm, dass er sich in jeder Situation Zeit genommen hat, um über Ideen und Verbesserungen zu diskutieren.

Des Weiteren bedanke ich mich bei allen Mitgliedern meiner Arbeitsgruppe – Samuel, Jonas M., Florian F., Bernhard, Matthias, Susanne, Carsten, Linda, Jonas F., Michael, Florian R., Delil, Adam, Tobias und Julius – sowie Kollegen aus anderen Arbeitsgruppen, die mich über die Jahre am ILT begleitet haben und immer bei Mittags- und Kaffeepausen über verschiedenste berufliche und private Themen gelacht und diskutiert haben. Dabei erinnere ich mich besonders an die regelmäßigen "Diss Nights" mit Florian F., die mich vor allem in der Anfangsphase der Dissertation gut voran gebracht haben. Auch Jonas M. möchte ich ganz besonders danken für den sehr intensiven Austausch über zu lösende Herausforderungen während meiner Promotion und seine wertvollen Ratschläge.

An alle von mir betreuten studentischen Hilfskräfte, Bachelorarbeiter, Masterarbeiter, Projektarbeiter und Praktikanten – Marcel Speckens, Sami Khan, Tobias Wild, Philipp Brückner, Yiqian Wang, Seonghun Baek, Sandeep Reddy Chinthalapally, Lucas Weber und Bassam Arzo – richte ich ein großes Dankschön für ihre tägliche Unterstützung und stetige Motivation.

Meinen Projektpartnern aus den Vorhaben *ENLAPRO*, *ATSM*, *LACK* und *Multislide* möchte ich für die erfolgreiche Zusammenarbeit danken. Ein besonderer Dank gilt der Firma Evonik und Herrn Mike Smolka, welche durch die Bereitstellung des PEEK-Pulvers überhaupt erst die Durchführung dieser Arbeit möglich gemacht haben.

Auch danken möchte ich meinen Freunden, die mir in stressigen Phasen geholfen haben das Thema Promotion auch mal für ein paar Stunden zu vergessen. Besonders gerne erinnere ich mich an die regelmäßigen Versuche zusammen mit Samuel, Jan und Linda in dem gleichnamigen Brettspiel den Mars zu terraformen.

Der größte Dank gilt meiner Familie – meinem Vater Stefan, meiner Mutter Andrea, meiner Schwester Natalie mit ihrem Mann Fabian, meinen Großeltern, Tanten, Onkeln, Cousins und Cousinen, aber ganz besonders meiner Freundin Linda – dafür, dass sie mich, egal in welcher Situation ich mich befinde, unterstützen und immer für mich da sind.

Aachen, November 2023

Marius Dahmen

Inhalt

1 Motivation

Die Reduzierung von Reibungsverlusten ist im Maschinen- und Anlagenbau nach wie vor von entscheidender Bedeutung und besitzt das Potential für enorme Einsparungen von Energie, Ressourcen, Emissionen und Kosten. Nach einer Untersuchung von *Holmberg und Erdemir* [1; 2] besitzen reibreduzierende und verschleißsenkende Maßnahmen, wie der Einsatz neuer Oberflächen, Materialien und Schmierstofftechnologien, das Potential, die durch Reibung und Verschleiß verursachten Energieverluste auf einen Zeithorizont von 15 Jahren (ausgehend vom Jahr 2019) um bis zu 40 % zu senken. Diese Einsparungen entsprechen einer jährlichen Reduzierung des weltweiten Energieverbrauchs um 8,7 %. Das resultiert in einem langfristigen, weltweiten CO_2-Einsparungspotential durch Reibungsoptimierung von 3,15 Milliarden Tonnen pro Jahr. [1–3]

Das Ziel der deutschen Bundesregierung ist, basierend auf dem Pariser Klimaabkommen, die globale Erwärmung auf 1,5 Grad Celsius durch die Reduzierung von CO_2-Emissionen zu begrenzen [4]. Durch das CO_2-Einsparungspotential durch reibreduzierende Maßnahmen wird die wissenschaftliche und industrielle Entwicklung von neuen Materialien, Verfahren und Strategien für die Reibreduzierung stetig vorangetrieben.

Reibreduzierende Beschichtungen stellen eine Möglichkeit dar, die Reibung zwischen zwei Reibpartnern signifikant zu senken. Zielmärkte für die entsprechenden Beschichtungen sind der Automobilbau, Luft- und Raumfahrt sowie allgemein der leichte und schwere Maschinenbau. Beispielanwendungen sind reibreduzierende Beschichtungen für Motorkolben [5], Nockenwellen [6] oder Gleitlager [7].

Ein möglicher reibreduzierender Beschichtungswerkstoff ist das Hochleistungspolymer Polyetheretherketon (PEEK). Dieses zeichnet sich durch seine herausragenden Materialeigenschaften wie die große Dauergebrauchstemperatur (T_D = 260 °C), seine exzellenten Gleitreibeigenschaften, Abriebbeständigkeit sowie Korrosions- und Chemikalienbeständigkeit aus. [8; 9]

Konventionell wird zur Beschichtung von Komponenten partikuläres PEEK als Pulver oder Dispersion auf diese aufgebracht und anschließend im Ofen bei einer Temperatur von 380 °C bis 420 °C für einige Minuten bis Stunden über die Schmelztemperatur von PEEK ($T_M \approx$ 340 °C) erhitzt [10]. Durch die thermische Belastung der Komponente ist die Beschichtung von temperaturempfindlichen Substraten, wie beispielsweise der Aluminiumlegierung EN AW-6082, nur unter signifikantem Härteverlust möglich. Des Weiteren werden bei der Beschichtung von großen Bauteilen große Energiemengen benötigt. Aus diesen Gründen werden in Industrie und Forschung neue, alternative Beschichtungsverfahren für PEEK untersucht.

Ein möglicher Ansatz, die partikuläre PEEK-Schicht mittels Laserstrahlung auf Stahlkomponenten zu schmelzen, ist durch *Sändker* am Fraunhofer-Institut für

Lasertechnik ILT und Lehrstuhl für Technologie Optischer Systeme TOS der RWTH Aachen untersucht worden. Das zentrale Resultat ist, dass die Herstellung von dichten und haftfesten PEEK-Schichten auf einem temperaturempfindlichen Stahlsubstrat aus 100Cr6 möglich ist. Dennoch können, je nach verwendeter Bearbeitungsstrategie, entweder keine vollständig dichten Schichten hergestellt werden oder der Härteverlust des Substratmaterials beträgt mindestens 25 %. Lediglich durch die Herstellung von PEEK-Mehrschichtsystemen lässt sich eine vollständig dichte Schicht bei einem Härteverlust von ca. 10 % umsetzen. [11–14]

Das von *Sändker* entwickelte Verfahren ist ein vielversprechender Ansatz zur Beschichtung von temperaturempfindlichen Substraten mit PEEK. Dennoch weist das Verfahren noch Nachteile auf, die einer industriellen Anwendung im Weg stehen können: Diese betreffen insbesondere die für eine ausreichende Benetzung der Bauteiloberfläche durch PEEK notwendige Vorheizung des Substratmaterials mittels einer Heizplatte. Zum einen ist die Übertragung auf 3D-Bauteile nur eingeschränkt möglich. Zum anderen kann bei Materialien mit einer größeren Temperaturempfindlichkeit als der Stahllegierung 100Cr6 die thermische Belastung zu noch größeren Härteverlusten führen (z. B. verschiedene Aluminiumlegierungen). Das gilt insbesondere für schwere Bauteile (> 1 kg) bei denen längere Prozesszeiten für die Bearbeitung notwendig sind.

Da Aluminiumlegierungen nach dem Stand der Technik aufgrund des großen Härteverlustes nur sehr eingeschränkt mittels konventioneller Verfahren mit PEEK beschichtet werden, ist die Entwicklung neuer Verfahren, die eine Beschichtung ohne signifikanten Härteverlust ermöglichen, von großer industrieller Relevanz. Aus diesem Grund soll in dieser Arbeit das Substratmaterial Aluminium EN AW-6082 betrachtet werden.

Das Ziel dieser Arbeit ist, die bisherige Vorheizung während des laserbasierten Schmelzverfahrens mittels einer Heizplatte nach *Sändker* durch die Vorheizung mittels einer zweiten Laserstrahlquelle zu ersetzen (Zwei-Strahl-Ansatz[1]). Dadurch soll die Aufheizung der Substratoberfläche mit einer einzelnen Überfahrt ermöglicht werden, sodass der Härteverlust im Material weiter reduziert wird, aber gleichzeitig die Herstellung von haftfesten Schichten möglich ist. Die zentrale Fragestellung ist, ob eine ausreichende Aufheizung mit einer einzelnen Überfahrt (Aufheizzeit: < 0,1 s) möglich ist und zu bestimmen, welche limitierenden Faktoren hierfür existieren.

Für die Aufheizung des Substrates wird Diodenlaserstrahlung der Wellenlänge $\lambda = 980$ nm verwendet. PEEK hat bei dieser Wellenlänge einen kleinen Absorptionsgrad (< 3 %), weshalb die Strahlung des Diodenlasers durch die PEEK-Schicht transmittiert werden kann, ohne diese zu schmelzen (siehe Kapitel 2.2.3). Für das Schmelzen der PEEK-Schicht wird CO_2-Laserstrahlung der Wellenlänge

1 Der laserbasierte Zwei-Strahl-Ansatz wird in dieser Arbeit als das Verfahren zur Bearbeitung von partikulären PEEK-Schichten definiert, bei welchem simultan die Aufheizung des Substrates als auch das Schmelzen des PEEKs durch Laserstrahlung aus verschiedenen Laserstrahlquellen umgesetzt wird.

λ = 10600 nm verwendet, bei welcher PEEK einen Absorptionsgrad bis über 90 % (siehe Kapitel 2.2.3) aufweist.

Zwei mögliche Ansätze werden untersucht (siehe Bild 1): Eine vorgeschaltete Aufheizung der Substratoberfläche mittels Diodenlaserstrahlung vor dem Schmelzen der PEEK-Schicht mittels CO_2-Laserstrahlung (Transmission durch partikuläre PEEK-Schicht) und eine nachgeschaltete Aufheizung der Substratoberfläche mittels Diodenlaserstrahlung durch die bereits mit CO_2-Laserstrahlung geschmolzene PEEK-Schicht (Transmission durch geschmolzene PEEK-Schicht).

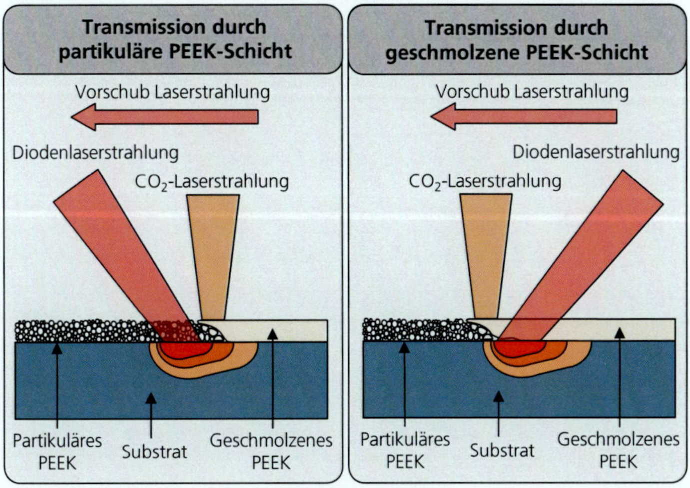

Bild 1: Untersuchte Zwei-Strahl-Ansätze zum Schmelzen von partikulären PEEK-Schichten: 1. Vorgeschaltete Aufheizung mittels Transmission der Diodenlaserstrahlung durch die partikuläre PEEK-Schicht (links) 2. Nachgeschaltete Aufheizung mittels Transmission der Diodenlaserstrahlung durch die geschmolzene PEEK-Schicht (rechts)

Beim ersten Ansatz wird die Strahlung des Diodenlasers (λ = 980 nm) durch die partikuläre PEEK-Schicht transmittiert, um die Substratoberfläche vorzuheizen. Unmittelbar danach wird das partikuläre PEEK mittels CO_2-Laserstrahlung (λ = 10600 nm) aufgeschmolzen. Aufgrund der Aufheizung des Substrates benetzt das schmelzflüssige PEEK die Oberfläche stärker und erstarrt langsamer. Nach der Erstarrung entsteht eine haftfeste Schicht. Beim zweiten Ansatz wird zuerst die partikuläre PEEK-Schicht mittels CO_2-Laserstrahlung aufgeschmolzen. Dann wird die Strahlung des Diodenlasers durch die geschmolzene PEEK-Schicht transmittiert, um die Substratoberfläche aufzuheizen. Sollte das PEEK an diesem Punkt noch im schmelzflüssigen Zustand vorliegen, ist eine Aufheizung auf die Temperatur notwendig, bei welcher eine Benetzung des PEEKs auf der Substratoberfläche eintritt. Sollte das PEEK bereits erstarrt sein, ist eine Aufheizung über die Schmelztemperatur T_M von PEEK notwendig, um die PEEK-Schicht auf der Substratoberfläche anzuschmelzen. Im weiteren Verlauf der Arbeit wird der erste Ansatz durch „Transmission durch partikuläre PEEK-Schicht" und der zweite Ansatz durch „Transmission durch geschmolzene PEEK-Schicht" beschrieben.

Zur Beantwortung der zentralen Fragestellung, ob eine ausreichende Aufheizung mit einer einzelnen Überfahrt (Aufheizzeit: < 0,1 s) für einen der Ansätze möglich ist, werden folgende Teilaspekte untersucht (siehe Bild 2):

1. Bestimmung der minimal notwendigen Temperatur auf der Substratoberfläche in Abhängigkeit von der Oberflächentopografie für die Herstellung von haftfesten PEEK-Beschichtungen.

2. Bestimmung der maximal transmittierbaren Laserstrahlung durch eine partikuläre und geschmolzene PEEK-Schicht in Abhängigkeit von Laserstrahldurchmesser und Vorschubgeschwindigkeit (mittels der in dieser Arbeit verwendeten Anlagentechnik und Bearbeitungsstrategien).

3. Bestimmung der maximal erreichbaren Temperaturen auf der Substratoberfläche bei einer einzelnen Überfahrt (Aufheizzeit: < 0,1 s) für beide Zwei-Strahl-Ansätze (unter Annahme der maximal transmittierbaren Laserstrahlung aus Teilaspekt 2).

4. Entwicklung von Bearbeitungsstrategien und Überprüfung mittels experimenteller Untersuchungen für beide Zwei-Strahl-Ansätze sowie Charakterisierung von Schicht- und Substrateigenschaften.

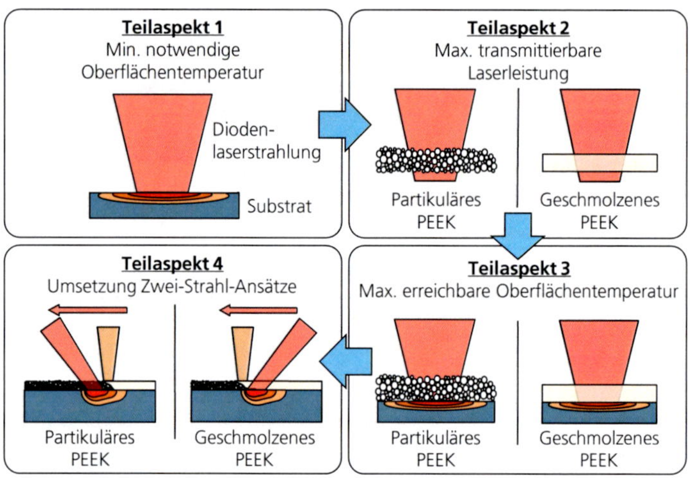

Bild 2: Teilaspekte der Untersuchung zum laserbasierten Schmelzen von partikulären PEEK-Schichten mittels der Zwei-Strahl-Ansätze

Zur Erreichung der Zielsetzung werden systematisch die Teilaspekte 1 bis 4 untersucht. Das beinhaltet zum einen die Entwicklung einer laserbasierten Vorbehandlung zum Aufrauen des Substratmaterials und die Untersuchung der Verbundfestigkeit zwischen PEEK und Substrat in Abhängigkeit von Rauigkeit und Temperatur der Substratoberfläche durch Zugversuche. Basierend darauf wird die minimal notwendige Oberflächentemperatur zur Herstellung von haftfesten PEEK-Beschichtungen abgeschätzt (Teilaspekt 1).

Zum anderen werden die optischen Eigenschaften des verwendeten PEEK-Materials, dessen Zersetzungsverhalten während der Bearbeitung mittels Laserstrahlung und die Strahlaufweitung durch Streuung von Laserstrahlung innerhalb der partikulären PEEK-Schicht gemessen. Mit Hilfe der dadurch abgeschätzten Laserstrahldurchmesser auf der Substratoberfläche (Teilaspekt 2) wird zusammen mit experimentellen Untersuchungen und der Simulation der Temperaturverteilung die maximal erreichbare Temperatur auf der Substratoberfläche für beide Zwei-Strahl-Ansätze bestimmt (Teilaspekt 3).

Basierend auf dem Ergebnis werden Bearbeitungsstrategien für beide Zwei-Strahl-Ansätze entwickelt und experimentell untersucht. Die so hergestellten Schichten werden bezüglich ihrer funktionalen Schicht- und Substrateigenschaften (Verbundfestigkeit, Schichtdichte und Substrathärte) charakterisiert (Teilaspekt 4). Als Zielwerte werden eine Verbundfestigkeit zwischen Schicht und Substrat von > 5 MPa und ein Härteverlust des Substrates von < 15 % angestrebt.[2]

2 Für die Verbundfestigkeit existiert kein etablierter Wert, ab welchem eine Beschichtung als haftfest beschrieben wird. Ebenso ist kein etablierter Wert für den Härteverlust eines Bauteils vorhanden, der als funktionsrelevante Beeinträchtigung akzeptiert ist. Diese Werte sind je nach Anwendung unterschiedlich. Die in dieser Untersuchung verwendeten Zielwerte sind durch den Autor definiert.

2 Stand der Wissenschaft und Technik

In den nachfolgenden Unterkapiteln wird der aktuelle Stand der Wissenschaft und Technik in Bezug auf das zu entwickelnde Laserverfahren betrachtet. Zunächst liegt der Fokus auf dem Material PEEK als Beschichtungsmaterial sowie dessen Verarbeitung mittels konventioneller und laserbasierter Verfahren. Danach werden die optischen Eigenschaften der verwendeten Materialien betrachtet. Zum Schluss wird auf die Mechanismen zur Beschreibung der Verbundfestigkeit zwischen PEEK und Metallen eingegangen.

2.1 PEEK als Beschichtungsmaterial

Polymere sind aufgrund ihrer Not- bzw. Trockenlaufeigenschaften in tribologischen Anwendungen weit verbreitet [15; 16]. Besonders einige Hochleistungspolymere (Dauergebrauchstemperaturen $T_D > 150$ °C [17]) besitzen hervorragende Gleitreibeigenschaften, wodurch sie besonders für reibmindernde Beschichtungen auch bei großen Temperaturen (> 250 °C) geeignet sind. PEEK und Polyimide (PI, PAI, PBI) zeichnen sich durch eine hervorragende Kombination aus einem kleinen Reibungs- und Verschleißkoeffizienten aus [9; 16]. Bei Polyimiden handelt es sich um Duroplaste, wodurch diese nur schwer zu verarbeiten sind und nur selten als Beschichtungsmaterial verwendet werden [17; 18]. Eine Beschreibung verschiedener Hochleistungspolymere und derer Eigenschaften ist im Anhang 11.1 zu finden.

PEEK ist ein teilkristallines Hochleistungspolymer mit sehr großer Temperaturbeständigkeit (Schmelztemperatur: $T_M = 340$ °C [19], Glasübergangstemperatur: $T_G = 142$ °C [19], Dauergebrauchstemperatur: $T_D \geq 250$ °C [20]), großer Festigkeit und Steifigkeit [18; 20]. PEEK wird in einer Vielzahl von tribologischen Anwendungen verwendet, wie z. B. bei Lagern, Kolbenteilen, Verdichterplattenventilen oder medizinischen Implantaten [17]. Im Speziellen sind das z. B. Beschichtungen im Motorraum bei Arbeitstemperaturen von ca. 150 °C [21], in Kompressoren als Ersatz für schmierende Öle [16] oder in Gleitlagern für Stoßdämpfer, Hochdruckpumpen und Hydromotoren [22].

PEEK ist bis zu einer Temperatur von 250 °C zäh, abriebfest und beständig gegen fast alle organischen und anorganischen Chemikalien [18; 23]. Neben dem kleinen Reibungskoeffizienten bildet es einen schützenden Transferfilm auf metallischen Gegenpartnern [21; 24–27]. Dabei wird PEEK von der metallischen Oberfläche abgerieben und als Polymerrest in die Unebenheiten der Metalloberfläche eingelagert. Das führt zu kleineren effektiven Reibungskoeffizienten zwischen den Reibpartnern. [28]

Um die tribologischen Eigenschaften von Polymerbeschichtungen zu verbessern, werden oft zusätzliche Füllstoffe mit in das Material eingebracht. Im Falle von PEEK wird oft eine Zugabe von PTFE verwendet, um den Reibungskoeffizienten weiter zu senken [26]. Für eine weitere Verbesserung der tribologischen Eigenschaften kann PEEK mit Kohlenstofffasern, Glasfasern und anderen Verschleißzusätzen (Wolframsulfid (WS_2), Graphit, usw.) versehen werden [19; 22; 29–33]. Als Gegenpartner in tribologischen Anwendungen sind diamantähnliche Beschichtungen (DLC) und Alumina Al_2O_3 besonders geeignet [34; 35].

2.1.1 Konventionelle Verarbeitung von PEEK-Schichten

Konventionell werden PEEK-Beschichtungen in einem mehrschrittigen Verfahren aus partikulärem PEEK als Ausgangswerkstoff hergestellt [11]: Im ersten Schritt wird die Oberfläche des zu beschichtenden Bauteils gereinigt und vorbehandelt. Die Reinigung erfolgt beispielsweise durch die Verwendung von Lösungsmitteln und die Vorbehandlung, z. B. in Form eines mechanischen Aufrauens mittels Sandstrahlen. Im zweiten Schritt wird das PEEK auf die Komponente aufgebracht: Dabei wird das Pulver entweder in dispergierter Form aufgesprüht oder als reines Pulver mit Hilfe des elektrostatischen Sprühens aufgebracht [10; 20; 36]. Aber auch andere Beschichtungsverfahren sind für die Applikation des partikulären PEEKs geeignet. Diese sind z. B. Siebdruck [37], Dispensen [37; 38], Rakeln [11] oder die elektrophoretische Abscheidung [39–42]. Nach der Applikation[3] wird die partikuläre PEEK-Schicht geschmolzen. Dafür wird das gesamte Bauteil inkl. PEEK-Schicht in einem Ofen über die Schmelztemperatur von PEEK ($T_M \approx 340$ °C) aufgeheizt. Typischerweise werden Temperaturen im Bereich 380 – 420 °C verwendet bei Haltezeiten – abhängig von der Bauteilgröße – von einigen Minuten bis Stunden. [10]

Der zentrale Vorteil des Ofenverfahrens ist die große Qualität der hergestellten Schichten. Die Schichten besitzen eine große Verbundfestigkeit zum Substrat und weisen eine sehr kleine bis keine Porosität auf. Der Nachteil des Verfahrens ist, dass das gesamte Bauteil auf eine Temperatur von 380 °C bis 420 °C erhitzt werden muss, um die partikuläre Beschichtung aufzuschmelzen. Das sorgt für eine große thermische Belastung des Bauteils, was zu einer Beeinträchtigung der mechanischen Eigenschaften, z. B. bei Aluminium, führen kann. Aus diesem Grund ist die Beschichtung von temperaturempfindlichen Substraten mittels Ofenverfahren nicht möglich. Ebenso werden für das Aufheizen des gesamten Bauteils große Energiemengen benötigt. Das führt dazu, dass besonders bei großen Bauteilen die Energieeffizienz des Verfahrens stark abnimmt. [11]

Alternative, industrielle Ansätze zum Ofenverfahren sind die Verarbeitung mittels thermischen Spritzens, Plasma- oder Kaltgasspritzens [36; 43–46]. Dabei werden erhitzte PEEK-Partikel mittels Prozessgas in einer Düse beschleunigt und auf das Substrat aufgebracht. Beim Aufprall verformen sich die erweichten Partikel plastisch und erzeugen dünne, scheibenförmige Plättchen. Die thermisch gespritzte Schicht besteht aus einer Überlagerung der Plättchen und es bildet sich eine dicke, ineinandergreifende Lamellenstruktur. [43]

Beim thermischen Spritzen von PEEK ist eine Vorheizung des Substrates vorteilhaft. Für Aluminium sollte eine Vorheiztemperatur von 230 °C verwendet werden [47]. So wird eine große Verbundfestigkeit zwischen PEEK-Schicht und Bau-

[3] Das Aufbringen des unbearbeiteten Beschichtungsmaterials auf das Bauteil wird als „Applikationsverfahren" bzw. „Applikation" und das Aufbringen zusammen mit der thermischen Funktionalisierung des Beschichtungsmaterials als „Beschichtungsverfahren" bzw. „Beschichtung" definiert.

teiloberfläche gewährleistet. Für Stahl kann die Vorheiztemperatur auf bis zu 370 °C erhöht werden [47]. Ohne eine ausreichende Substratvorheizung können die Schichten eine große Porosität und eine kleine Verbundfestigkeit aufweisen.

Neben der Vorheiztemperatur ist auch die Wahl einer geeigneten Oberflächentopografie des Substrates besonders wichtig, um die Verbundfestigkeit zwischen Oberfläche und Schicht zu vergrößern. Die chemische Zusammensetzung des Substrates spielt beim thermischen Spritzen von PEEK eine untergeordnete Rolle. [43]

Konventionell wird die Oberfläche mit Lösungsmitteln gereinigt und anschließend durch Sandstrahlen aufgeraut. Auch alternative Ansätze wie das Reinigen mit Wasserstrahl- und Wasser-Luftstrahl-Oberflächenbearbeitung [48], mittels Trockeneisstrahlen [49] oder mittels Laserstrahlung [50] sind untersucht.

Im Gegensatz zum Ofenverfahren hat das thermische Spritzen den Vorteil, dass eine Beschichtung von Stahl- und Aluminiumsubstraten auch mit kleineren Vorheiztemperaturen (< 200 °C) oder auch keiner Vorheiztemperatur möglich ist. Das führt zu einer reduzierten thermischen Belastung des Substrates und ermöglicht somit die Beschichtung von temperaturempfindlichen Materialien. Der große Nachteil des Verfahrens ist die geringere Schichtqualität und kleinere räumliche Selektivität der Beschichtungen: Die PEEK-Schichten weisen eine kleinere Verbundfestigkeit und eine größere Porosität im Vergleich zu Schichten auf, die mittels Ofenverfahren hergestellt worden sind. Dadurch ist eine thermische Nachbehandlung notwendig, bei welcher die Beschichtung wiederum über die Schmelztemperatur im Ofen erhitzt wird. [51–55]

Infolgedessen wird die thermische Belastung des Bauteils wieder stark erhöht. Alternativ ist eine Wiederaufschmelzung der Schicht mittels Laserstrahlung möglich (siehe Kapitel 2.1.2).

2.1.2 Laserbasierte Verarbeitung von PEEK-Schichten

Aufgrund der Limitierung konventioneller Verfahren für die Herstellung von dichten und haftfesten PEEK-Beschichtungen auf temperaturempfindlichen Substraten werden in der Forschung verschiedene Ansätze verfolgt. Laserbasierte Verfahren sind ein vielversprechender Ansatz, da mittels Laserstrahlbearbeitung eine schichtselektive Erhitzung in kurzer Zeit erreicht werden kann. Hierdurch wird die thermische Nachbehandlung von Schichten auf temperaturempfindlichen Bauteilen möglich. Zwei zentrale laserbasierte Forschungsansätze sind bekannt: Zum einen laserbasierte Bearbeitungsverfahren (Vorbehandlung, Vorheizung oder Nachbehandlung) für thermisch gespritzte PEEK-Schichten und zum anderen das laserbasierte Schmelzen von partikulären PEEK-Schichten. Diese beiden Verfahren werden im Folgenden detailliert erläutert.

2.1.2.1 Laserbasierte Bearbeitungsverfahren für thermisch gespritzte PEEK-Schichten

Zum einen werden für thermisch gespritzte PEEK-Schichten laserbasierte Vorbehandlungsmethoden für das Substrat untersucht. Dabei wird die metallische Oberfläche mittels Laserstrahlung gereinigt und aufgeraut, um z. B. durch mechanische Verklammerung die Verbundfestigkeit zwischen der Substratoberfläche und auftreffenden PEEK-Partikeln zu vergrößern [50]. Die Bearbeitung mittels Laserstrahlung bietet die Möglichkeit einer reproduzierbaren Oberflächenbearbeitung [44]. Ein weiterer Vorteil ist die gezielte Bildung von Oxidschichten auf der Substratoberfläche [56]. Da keine Strahlmedien verwendet werden, ist die laserbasierte Bearbeitung zudem das einzige Verfahren, welches in das thermische Spritzverfahren integriert werden kann und so ein einstufiges Beschichtungsverfahren (laserbasierte Reinigung und thermischen Spritzen bei einer Überfahrt über das Substrat) ermöglicht [50].

Zum anderen werden Ansätze zur lokalen Vorheizung des Substrates mittels Laserstrahlung während des thermischen Spritzens untersucht. Die Dichte und Verbundfestigkeit der Beschichtungen sind durch die lokale Vorheizung signifikant erhöht [57–60]. Bei den bisherigen Untersuchungen für die laserbasierte Vorheizung wurden bisher nur metallische Beschichtungswerkstoffe wie Aluminium [57], Stahl oder Titan [58] untersucht. Die Übertragbarkeit auf polymere PEEK-Beschichtungen ist noch nicht nachgewiesen.

Des Weiteren besteht die Möglichkeit, bereits thermisch gespritzte Schichten mittels Laserstrahlung thermisch nachzubehandeln, um die Verbundfestigkeit und Dichte der Beschichtung zu vergrößern [61–65]. Die Technische Universität Belfort-Montbéliard hat diesen Ansatz für thermisch gespritzte PEEK-Beschichtungen auf metallischen Substraten (Stahl 304L und Aluminium EN AW-2017) verfolgt. Dafür wird partikuläres PEEK mittels Pulverflammspritzen auf gesandstrahlte Substrate in Schichtdicken zwischen 100 µm und 150 µm appliziert und anschließend mittels Laserstrahlung thermisch nachbehandelt. Mit allen untersuchten Laserstrahlquellen (CO_2-Laser, Nd:YAG-Laser und Diodenlaser) ist die Herstellung von haftfesten und dichten Schichten möglich. Als Haupteinflussgröße für die laserbasierte Nachbehandlung wird die Wechselwirkungszeit identifiziert, die sich je nach verwendeter Strahlquelle unterscheidet (CO_2-Laser: 0,8 s; Diodenlaser/ Nd:YAG-Laser: 4 s). Die Auswirkungen der thermischen Belastung auf das Substratmaterial sind nicht untersucht. Aus diesem Grund ist eine Bewertung zur Eignung des Verfahrens für die Beschichtung von temperaturempfindlichen Substraten nicht möglich. [51–55]

2.1.2.2 Laserbasiertes Schmelzen partikulärer PEEK-Schichten

Da kein Bearbeitungsverfahren für die ortsselektive Herstellung von dichten und haftfesten PEEK-Schichten auf temperaturempfindlichen, metallischen Substraten bekannt ist, hat *Sändker* eine Untersuchung zum laserbasierten Schmelzen von partikulären PEEK-Schichten auf dem temperaturempfindlichen Stahl 100Cr6 durchgeführt. Die untersuchte Prozesskette (siehe Bild 3) besteht aus vier Schritten: 1. Laserbasierte Vorbehandlung des Substratmaterials, 2. Herstellung und Additivierung einer PEEK-Dispersion, 3. Schichtapplikation und 4. Laserschmelzen. [11]

Bild 3: Prozessablauf des laserbasierten Beschichtungsverfahrens nach *Sändker* [11]

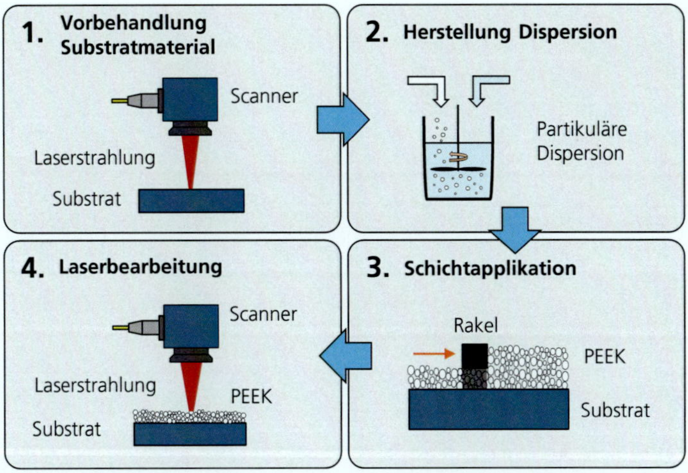

1. Vorbehandlung

Bei der Vorbehandlung wird mittels gepulster Laserstrahlbearbeitung eine Rauigkeit auf dem Stahlsubstrat von $S_{a,min} = (0{,}26 \pm 0{,}01)$ µm bis $S_{a,max} = (2{,}40 \pm 0{,}31)$ µm erzielt.[4] Während die erzeugte Rauigkeit keinen eindeutig messbaren Einfluss auf die spätere Verbundfestigkeit zwischen PEEK-Schicht und Substrat hat, führt eine positive Schiefe S_{sk}[5] zu einer größeren Verbundfestigkeit. Die während der Vorbehandlung erzeugte Oxidschicht führt zu keiner Steigerung der Verbundfestigkeit (siehe Kapitel 2.3.2). [11]

Eine Analyse des Einflusses der Laservorbehandlung auf die Mikrostruktur des Stahl 100Cr6 ist in einer separaten Untersuchung durchgeführt [66]. Auch eine Untersuchung der Laservorbehandlung von Aluminium (EN AW-6082) ist bekannt [14]. Die Ergebnisse werden in Kapitel 2.3.2 diskutiert.

2.+ 3. Herstellung Dispersion und Schichtapplikation

PEEK-Schichten werden unter Verwendung von PEEK-Partikeln ($d_{50} = 8{,}4$ µm) mit Industrieruß (0,1 wt% bzw. 0,2 wt%), zur Vergrößerung des Absorptionsgrades, und Isopropanol (30 wt% PEEK: 70 wt% Isopropanol) gemischt und mit Nassschichtdicken von 45 µm bis 75 µm auf das Substrat aufgerakelt. Nach der Trocknung der nassgerakelten Schicht mit einer Dicke von $h_{nass} \approx 45$ µm bei

4 Die durch Sändker [11] untersuchten Oberflächenkennwerte sind über eine Fläche gemittelt und deshalb mit S (S_a, S_{sk}) gekennzeichnet. Die in dieser Untersuchung ermittelten Oberflächenkennwerte sind über eine Messweglänge gemittelt und mit R (R_a, R_{sk}) gekennzeichnet.

5 Die Schiefe S_{sk}/R_{sk} beschreibt die Asymmetrie der Höhenverteilung eines Oberflächenprofils. Positive Werte entsprechen hohen, regelmäßigen Spitzen auf der Oberfläche. Negative Werte deuten auf Poren und Riefen in der Oberfläche hin.

100 °C für 3 min in einem Umluftofen beträgt die Schichtdicke $h_{\text{trocken}} \approx 36$ µm, nach dem Laserschmelzen beträgt diese $h_{\text{geschmolzen}} \approx 15$ µm. [11]

4. Laserschmelzen

Für die Laserverfahrensentwicklung wird das Schmelzen von Einzelspuren (Abrastern entlang einer Linie), das Schmelzen von Flächen mittels Standbelichtung (vollflächige Belichtung der Schicht) und scannender Bearbeitung (mäanderförmiges Abrastern der Fläche) sowie das Schmelzen von Mehrfachschichten untersucht. Das Substrat wird auf einer Heizplatte bis zu 300 °C vorgeheizt. Die Ergebnisse der Laserverfahrensentwicklung sind wie folgt zusammenzufassen [11]:

- Bei Verwendung einer Standbelichtung (Diodenlaserstrahlung, Wellenlänge: $\lambda = 930 - 1080$ nm, Strahldurchmesser: 35 mm) werden vollständig dichte ($\rho > 99{,}5$ %) und haftfeste Schichten mit einer Schichtdicke von $d = (15 \pm 2)$ µm hergestellt. Die Bearbeitung führt zu einem relativen Härteverlust im Substratmaterial von etwa 25 % im Vergleich zum Ausgangszustand.

- Bei Verwendung einer mäanderförmigen Scanstrategie (Diodenlaserstrahlung, Wellenlänge: $\lambda = 980$ nm, Strahldurchmesser: 3,5 mm) werden haftfeste, aber nicht vollständig dichte Schichten ($\rho \approx 98$ %) mit einer Schichtdicke von $d = (15 \pm 2)$ µm hergestellt. Bei der Bearbeitung tritt kein signifikanter Härteverlust im Substrat im Vergleich zum Ausgangszustand auf.

- Bei Verwendung einer Quasi-Linie[6] (Diodenlaserstrahlung, Wellenlänge: $\lambda = 980$ nm, Strahldurchmesser: 3,5 mm) werden entweder haftfeste und vollständig dichte Schichten ($\rho > 99{,}5$ %) bei einem relativen Härteverlust von ca. 35 % oder haftfeste, aber nicht vollständig dichte Schichten ($\rho \approx 98$ %) mit einem relativen Härteverlust von ca. 10 % hergestellt. In beiden Fällen beträgt die hergestellte Schichtdicke $d = (15 \pm 2)$ µm.

- Bei Verwendung einer Quasi-Linie (Diodenlaserstrahlung, Wellenlänge: $\lambda = 980$ nm, Strahldurchmesser: 3,5 mm) werden haftfeste und vollständig dichte Mehrfachschichten bestehend aus zwei Lagen mit einer Schichtdicke von $d = (30 \pm 3)$ µm oder bestehend aus drei Lagen mit einer Schichtdicke von $d = (45 \pm 5)$ µm hergestellt (Laserschmelzen nach jeder applizierten Einzelschicht). Die Härteabnahme im Vergleich zum Ausgangszustand beträgt ca. 10 % und ist nicht abhängig von der Anzahl der Schichten.

Für das durch *Sändker* untersuchte Verfahren wird die Temperatur auf der Substratoberfläche, die maximale Temperatur in der PEEK-Schicht sowie die Wechselwirkungszeit bzw. Haltezeit der schmelzflüssigen Phase als Haupteinflussfaktoren auf die resultierenden Schichteigenschaften identifiziert. Mit steigendender

6 Bei der Quasi-Linien-Bearbeitung wird der Laserpunkt entlang einer Linie mit großer Vorschubgeschwindigkeit hin und her bewegt. Die Probe wird mit langsamer Vorschubgeschwindigkeit orthogonal unter der Laserlinie hindurch bewegt.

Laserleistung bzw. steigender Temperatur in der PEEK-Schicht sowie steigender Wechselwirkungszeit nimmt die relative Schichtdichte und Verbundfestigkeit bei ansonsten konstanten Verfahrensparametern zu. Des Weiteren ist eine Vergrößerung der Verbundfestigkeit mit steigender Vorheiztemperatur zu beobachten. Als am besten geeignete Bearbeitungsstrategie für das laserbasierte Schmelzen von PEEK-Schichten wird die Verwendung einer Quasi-Linie durch *Sändker* empfohlen. [11]

Ein alternativer Ansatz für das laserbasierte Schmelzen von Polymerschichten wird durch *Wittmann et al.* untersucht. Bei diesem wird partikuläres PA12 und PEEK auf Stahl 316L mittels Laserstrahlung eines Thulium-dotierten Single-Mode-Faserlasers (λ = 1940 nm) geschmolzen. Auch hier wird die Vorheizung des Substrates mittels einer Heizplatte umgesetzt. Aufgrund des größeren Absorptionsgrades der Polymerpulver bei der verwendeten Laserwellenlänge (PA12: (31,7 ± 3,2) %, PEEK: (19,7 ± 2,0) %, Schichtdicke: 10 mm) ist die Herstellung von haftfesten Polymerschichten ohne die Verwendung von Laserabsorbern möglich. Bei PA12 können ohne Vorheizung haftfeste Schichten hergestellt werden. Die Vergrößerung der Vorheiztemperatur führt jedoch zu einer Vergrößerung des Prozessfensters. Bei PEEK können haftfeste Schichten ab einer Vorheiztemperatur von 240 °C hergestellt werden. Des Weiteren wird die Verarbeitung von PA12 mittels Laserauftragschweißen untersucht. Durch das Verfahren können haftfeste Schichten mit einer Porosität von 2,3 ± 0,6 % und kleiner Oberflächenqualität aufgrund nicht geschmolzener Partikel auf der Oberfläche hergestellt werden. [67–69]

Zusammenfassend wird PEEK als Beschichtungswerkstoff industriell verwendet. Die konventionelle Herstellung mittels Ofenverfahren hat den Nachteil, dass die Beschichtung von temperaturempfindlichen Materialien nur unter großem Härteverlust des Substrates möglich ist. In der Forschung sind einige alternative, laserbasierte Bearbeitungsverfahren für die Beschichtung von temperaturempfindlichen Komponenten mit PEEK-Beschichtungen untersucht. Beispiele dafür sind die laserbasierte Nachbehandlung von thermisch gespritzten PEEK-Schichten oder das direkte Laserschmelzen von partikulärem PEEK auf dem Substrat.

2.2 Optische Eigenschaften von PEEK

Bei der Lasermaterialbearbeitung wird Strahlungsenergie bei der Wechselwirkung mit absorbierenden Materialien in Wärmeenergie umgewandelt. Der Anteil der vom Material absorbierten Strahlung sowie die optische Eindringtiefe der Strahlung in das Material ist dabei stark von dem zu bearbeitenden Material (z. B. Materialklasse, Morphologie, Phasenzustand, Oberflächeneigenschaften) sowie der eintreffenden Strahlung (z. B. Wellenlänge, Polarisation, Einfallswinkel) abhängig. Insbesondere bei der Funktionalisierung dünner Schichten mittels Laserstrahlung sind genaue Kenntnisse über Ort und Anteil der deponierten Energie innerhalb des Schichtsystems notwendig, um ein ausreichendes Prozessverständnis für die Entwicklung neuer Laserverfahren zu erzeugen. Die optischen Eigenschaften der zu bearbeitenden Materialien sind messtechnisch oftmals nur über die Größen Transmissionsgrad T und Reflexionsgrad R bestimmbar. Um genauere Kenntnisse über die Strahlpropagation und Energiedeposition zu erlangen, können modelltheoretische Beschreibungen der optischen Eigenschaften zur Hilfe genommen werden.

In den folgenden Kapiteln 2.2.1 und 2.2.2 werden die theoretischen Grundlagen für die Beschreibung der optischen Eigenschaften von homogenen Medien sowie partikulären Systemen beschrieben. Im Kapitel 2.2.3 wird auf die optischen Eigenschaften der in der Arbeit verwendeten Materialien sowie Ergebnissen aus Literatur und Technik eingegangen.

2.2.1 Optische Eigenschaften von homogenen Medien

Der Strahlungstransport innerhalb eines beliebigen Mediums kann mittels der Strahlungstransportgleichung beschrieben werden [70]:

2.1

$$\frac{\mathrm{d}I_\lambda(\hat{\Omega})}{\mathrm{d}s} = -(\sigma_\lambda + \alpha_\lambda)I_\lambda(\hat{\Omega}) + \alpha_\lambda I_{\mathrm{b}\lambda} + \frac{\sigma_\lambda}{4\pi}\int_{4\pi} I_\lambda(\hat{\Omega}')P_\lambda(\hat{\Omega}' \to \hat{\Omega})d\hat{\Omega}'$$

I_λ:	spektrale Intensität
s:	Position entlang der Ausbreitungsrichtung
$\hat{\Omega}$:	Richtungsvektor der Propagation
σ_λ:	Streukoeffizient
α_λ:	Absorptionskoeffizient
$I_{\mathrm{b}\lambda}$:	Planck'sche Schwarzkörperfunktion
P_λ:	Streuphasenfunktion

Die spektrale Intensität I_λ propagiert in die Richtung $\hat{\Omega}$, wobei σ_λ und α_λ die volumetrischen Streu- und Absorptionskoeffizienten und $I_{b\lambda}$ die Planck'sche Schwarzkörperfunktion darstellt. Diese ist eine Funktion des Realteils des Brechungsindexes n des Mediums. Der Term $P_\lambda(\hat{\Omega}' \to \hat{\Omega})$ beschreibt die spektrale Streuphasenfunktion. Diese stellt die Wahrscheinlichkeit dar, dass in Richtung $\hat{\Omega}'$ ausbreitende Strahlung in Richtung $\hat{\Omega}$ gestreut wird. [70]

Die Strahlungstransportgleichung kann analytisch und numerisch gelöst werden. Analytisch existiert nur für Spezialfälle eine formale Lösung für die Gleichung [71; 72]. Die numerische Lösung ist in der Regel sehr aufwendig und benötigt oft stark vereinfachte Annahmen [73; 74].

Bei der Betrachtung von homogenen Medien kann die Streuung innerhalb des Mediums vernachlässigt werden, sodass der Streukoeffizient σ_λ sowie die Streuphasenfunktion $P_\lambda(\hat{\Omega}' \to \hat{\Omega})$ der Strahlungstransportgleichung vernachlässigt werden können. Zudem kann bei monochromatischem Licht, bei dem die Intensität wesentlich größer ist als die entstehende Wärmestrahlung ($I_\lambda \gg \alpha_\lambda I_{\mathrm{b}\lambda}$), der Emissionsterm $\alpha_\lambda I_{\mathrm{b}\lambda}$ der Strahlungstransportgleichung vernachlässigt werden. Bei der Verwendung von Laserstrahlung in der Materialbearbeitung sind diese Bedingungen erfüllt.

Die Lösung der eindimensionalen Strahlungstransportgleichung geht in diesem Fall in das Lambert-Beer'sche Gesetz über:

2.2
$$I(s) = I_0 \, \mathrm{e}^{-\alpha s}$$

$I(s)$:	Intensität an der Stelle s
I_0:	Ausgangsintensität
s:	Materialtiefe/Schichtdicke
α:	Absorptionskoeffizient

Das Lambert-Beer'sche Gesetz beschreibt die Abschwächung der Intensität von Strahlung in Abhängigkeit von der Materialtiefe im Vergleich zur Anfangsintensität für die Bestrahlung eines absorbierenden, homogenen Mediums [75–77].

Die optische Eindringtiefe ist über den Zusammenhang

2.3
$$\delta_{\mathrm{opt}} = \frac{1}{\alpha}$$

δ_{opt}:	optische Eindringtiefe
α:	Absorptionskoeffizient

definiert und beschreibt die Tiefe im Material, bei der die Intensität der Strahlung auf $1/\mathrm{e}$ der Ausgangsintensität abgefallen ist. Der Absorptionskoeffizient α, die Wellenlänge λ und der Extinktionskoeffizient κ sind über den Zusammenhang

2.4
$$\alpha = \frac{4\pi\kappa}{\lambda}$$

α:	Absorptionskoeffizient
κ:	Extinktionskoeffizient
λ:	Wellenlänge

verknüpft. Der Extinktionskoeffizient κ ist der Imaginärteil des komplexen Brechungsindexes $\widehat{N}$ und eine dimensionslose Größe, welche die Abschwächung von Strahlung innerhalb eines homogenen Mediums beschreibt. Der Realteil des komplexen Brechungsindexes $\widehat{N}$ ist der Brechungsindex n. [76]

Die Formel für den komplexen Brechungsindex $\widehat{N}$ lautet: [75–78]

2.5
$$\widehat{N} = n - i\kappa$$

$\widehat{N}$:	komplexer Brechungsindex
n:	Brechungsindex (Realteil des komplexen Brechungsindexes)
κ:	Extinktionskoeffizient (Imaginärteil des komplexen Brechungsindexes)

Mit Hilfe der Fresnel-Formeln lassen sich Reflexionsgrad R und Transmissionsgrad T über den Brechungsindex n an der Grenzfläche zwischen zwei homogenen, nicht absorbierenden Medien 1 und 2 bestimmen: [76]

2.6 Für die s-Polarisation:

$$r_s = \frac{n_1 \cos\theta_1 - n_2 \cos\theta_2}{n_1 \cos\theta_1 + n_2 \cos\theta_2}, \quad t_s = \frac{2n_1 \cos\theta_1}{n_1 \cos\theta_1 + n_2 \cos\theta_2}$$

Für die p-Polarisation:

$$r_\mathrm{p} = \frac{n_2 \cos\theta_1 - n_1 \cos\theta_2}{n_1 \cos\theta_2 + n_2 \cos\theta_1}, \quad t_\mathrm{p} = \frac{2n_1 \cos\theta_1}{n_1 \cos\theta_2 + n_2 \cos\theta_1}$$

Zusammenhang mit Reflexions- und Transmissionsgrad:

$$R_\mathrm{s,p} = r_\mathrm{s,p}^2, \quad T_\mathrm{s,p} = \frac{n_2 \cos\theta_2}{n_1 \cos\theta_1} t_\mathrm{s,p}^2$$

$r_\mathrm{s,p}$: Reflexionskoeffizient für s- und p-polarisiertes Licht
$t_\mathrm{s,p}$: Transmissionskoeffizient für s- und p-polarisiertes Licht
$n_{1,2}$: Brechungsindex von Medium 1 und 2
$\theta_{1,2}$: Einfalls- und Brechungswinkel
$R_\mathrm{s,p}$: Reflexionsgrad
$T_\mathrm{s,p}$: Transmissionsgrad

Dabei gilt der Zusammenhang [75–77]:

2.7

$$R + T = 1$$

T: Transmissionsgrad
R: Reflexionsgrad

Bei absorbierenden Medien ist zusätzlich der Absorptionsgrad zu berücksichtigen. Die Fresnel-Formeln sind dafür entsprechend dem komplexen Brechungsindex $\widehat{N}$ anzupassen. Dann gilt: [78]

2.8

$$T + R + A = 1$$

T: Transmissionsgrad
R: Reflexionsgrad
A: Absorptionsgrad

Zusammenfassend kann über die modelltheoretischen Grundlagen ein Zusammenhang zwischen den messbaren Größen Transmissionsgrad T und Reflexionsgrad R und der Eindringtiefe bzw. Abschwächung von Strahlung in einem homogenen Medium erstellt werden. In der Praxis kann beispielsweise unter Nutzung der gemessenen optischen Eigenschaften mittels Simulationstools (z. B. Scout von W. Theiss Hard- und Software [79]) der komplexe Brechungsindex $\widehat{N}$ für das Material bestimmt werden. Der Absorptionskoeffizient α für das Material kann über den Extinktionskoeffizienten κ abgeleitet werden.

2.2.2 Optische Eigenschaften von partikulären Systemen

Bei partikulären Systemen liegt kein homogenes Medium vor, wodurch die modelltheoretischen Annahmen aus Kapitel 2.2.1 nicht gültig sind. Mit Hilfe der Effektive-Medium-Theorie nach *Bruggemann* [80] können die optischen Eigenschaften von partikulären Systemen als eine Kombination der verschiedenen homogenen Medien des partikulären Systems betrachtet und so approximiert werden. Die optischen Eigenschaften des partikulären Systems werden aus den dielektrischen Funktionen und Volumenanteilen der einzelnen Pulverbestandteile bestimmt. Im Zuge der Maxwell-Garnett-Theorie [81] wird das Medium als eine Kombination aus einem Matrixmedium und einem in der Matrix eingeschlossenen Medium beschrieben, wodurch die optischen Eigenschaften auch von einphasigen, partikulären Systemen angenähert werden können.

Dadurch kann der Intensitätsverlauf von einfallender Strahlung in einem partikulären System gegebenenfalls auch mittels des Lambert-Beer'schen-Gesetzes beschrieben werden. Nach *Rechtenwald* sind die optischen Eigenschaften von partikulärem PEEK bei einer stark absorbierten Wellenlänge $\lambda = 10600$ nm mit dem Lambert-Beer'schen Gesetz beschreibbar [82]. Für Laserstrahlung mit einer Wellenlänge, die nur sehr wenig von partikulärem PEEK absorbiert wird (< 1 %), wie die des in dieser Arbeit verwendeten Diodenlasers ($\lambda = 980$ nm), ist eine modelltheoretische Beschreibung mittels des Lambert-Beer'schen Gesetzes nicht bekannt.

Hier ist die Bestimmung der optischen Schichteigenschaften mittels numerischer Verfahren notwendig. Eine Möglichkeit ist beispielsweise eine Ray-Tracing-Simulation mit Berücksichtigung der Licht-Materie-Interaktion auf Basis der Lorenz-Mie-Theorie: Diese beschreibt die exakte Lösung der Maxwell-Gleichungen für die Streuung einer ebenen, elektromagnetischen Welle an einem einzelnen, homogenen und sphärischen Partikel. Simulationen, die auf dieser Theorie basieren, sind oft nur mit vertretbarem numerischen Aufwand durchführbar, wenn der Durchmesser der verwendeten Partikel in der gleichen Größenordnung wie die Wellenlänge der einfallenden Strahlung ist und die Partikel im Mittel weit voneinander entfernt liegen. [83–85]

Für dicht gepackte Pulversysteme oder asphärische Partikel ist die Simulation auf Basis der Lorenz-Mie-Theorie nicht geeignet. Mit der T-Matrix-Methode nach *Waterman* [86] kann die Streuung eines dicht gepackten Clusters aus Partikeln beschrieben werden. Die Methode wurde ursprünglich für ein einzelnes homogenes Objekt beliebiger Form entwickelt und kann als Verallgemeinerung der Lorenz-Mie-Theorie betrachtet werden. Für die Streuung an einem einzelnen sphärischen Partikel ist die T-Matrix-Methode äquivalent mit der Lorenz-Mie-Theorie. [71; 86; 87]

2.2.3 Optische Eigenschaften beim Laserschmelzen von PEEK

<u>Substratmaterial: EN AW-6082</u>

Beim laserbasierten Schmelzen von PEEK mittels Zwei-Strahl-Ansatz sind genaue Kenntnisse der optischen Eigenschaften des in dieser Arbeit verwendeten Substratmaterials EN AW-6082 sowie des Beschichtungswerkstoffes PEEK im partikulären und geschmolzenen bzw. homogenen Zustand bei den Wellenlängen $\lambda = 980$ nm und bei $\lambda = 10600$ nm notwendig. Diese weisen eine Abhängigkeit von der vorliegenden Temperatur auf.

Bei der in dieser Arbeit untersuchten Aufheizung des Substrates unter Nutzung von Diodenlaserstrahlung ($\lambda = 980$ nm) sollen Temperaturen auf der Substratoberfläche bis maximal zur Schmelztemperatur von PEEK (340 °C) erreicht werden. Daher sind für das Substratmaterial EN AW-6082 vor allem die Änderungen der optischen Eigenschaften bei der Wellenlänge $\lambda = 980$ nm und in einem Temperaturbereich von 25 °C bis 340 °C relevant. Der komplexe Brechungsindex $\widehat{N}$ im Wellenlängenbereich von 500 nm bis 1500 nm ist für reine, aufgedampfte Aluminiumschichten bei Raumtemperatur in Bild 4 dargestellt [88].

Bild 4: n und κ des komplexen Brechungsindexes $\widehat{N}$ im Wellenlängenbereich λ = 500 – 1500 nm für reine, aufgedampfte Aluminiumschichten bei Raumtemperatur nach [88]

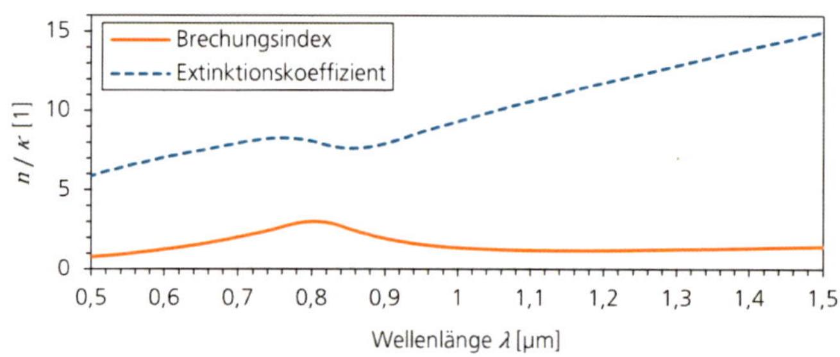

Basierend auf dem komplexen Brechungsindex $\widehat{N}$ bei $\lambda = 980$ nm beträgt der Reflexionsgrad $R = 93{,}3$ % und der Absorptionsgrad $A = 6{,}7$ % [88]. Eine Untersuchung von *Bennett et al.* weist mit einem Reflexionsgrad von 94 % bei $\lambda = 1000$ nm ein ähnliches Ergebnis auf [89].

Der Brechungsindex n in Bild 4 nimmt für den gezeigten Wellenlängenbereich $\lambda = 500 - 1500$ nm von 0,77 auf 1,45 zu und der Extinktionskoeffizient κ von 5,84 auf 15 zu. Bei $\lambda \approx 800$ nm steigt der Brechungsindex n kurzzeitig auf 3,04 und der Extinktionskoeffizient κ fällt auf 7,61 ab. Diese Änderungen der optischen Eigenschaften werden durch Interbandübergänge im Aluminium in diesem Wellenlängenbereich verursacht [90; 91].

In der Literatur werden bei der Vergrößerung der Temperatur von Aluminium Änderungen am komplexen Brechungsindex $\widehat{N}$ beobachtet: Insbesondere im Wellenlängenbereich $\lambda = 800 - 1000$ nm verbreitert sich der Bereich des erhöhten Brechungsindexes n mit steigender Temperatur und verschiebt sich in Richtung $\lambda = 1000$ nm [91–93]. Dies wird beispielsweise bei einer Untersuchung von *Mathewson et al.* beobachtet, bei welcher die optische Leitfähigkeit (Durchlässigkeit von Materialien für elektromagnetische Wellen) von Aluminiumspiegeln bei den Temperaturen −75 °C, 25 °C, 131 °C und 232 °C mittels Ellipsometrie gemessen wird [91]. Bei einer Untersuchung von *Lin et al.* sind die temperaturabhängigen optischen Eigenschaften von Aluminiumschichten bei einer Bearbeitung mit Femtosekunden-Laserstrahlung in einem Wellenlängenbereich von

200 nm bis 1000 nm untersucht. Die Ergebnisse zeigen, dass der Reflexionsgrad mit steigender Temperatur signifikant abnimmt. Ebenso können die großen Aufheizraten, die bei der Laserbearbeitung entstehen, die optischen Eigenschaften des Aluminiums beeinflussen. [94]

Durch die Zugabe von Legierungselementen als auch durch Änderungen der Oberflächeneigenschaften können die optischen Eigenschaften von Materialien signifikant beeinflusst werden. Für die in dieser Arbeit verwendete Al-Mg-Legierung EN AW-6082 sind keine Untersuchungen zu den temperaturabhängigen optischen Eigenschaften bekannt. Aufgrund des Einflusses der Interbandübergänge von Aluminium auf die optischen Eigenschaften im Bereich der verwendeten Laserwellenlänge von $\lambda = 980$ nm und der Ergebnisse von *Lin et al.* [94] ist jedoch mit einer Änderung der optischen Eigenschaften durch die laserbasierte Aufheizung zu rechnen.

Beschichtungsmaterial: PEEK

Viele reine Polymere weisen im Wellenlängenbereich $\lambda \approx 400 - 1800$ nm einen Absorptionsgrad von nahe null auf (< 1 %). Für die Lasermaterialbearbeitung bedeutet das, dass diese Polymere im reinen Zustand oft nur mit UV-Laserstrahlung (z. B. Excimerlaser mit $\lambda = 248$ nm) oder mit einer Wellenlänge von $\lambda \geq 2000$ nm wie z. B. CO_2-Laserstrahlung ($\lambda = 10600$ nm) bearbeitet werden können. Alternativ können die Polymere mit laserabsorbierenden Additiven versetzt werden, um die Absorption der Werkstoffe auch bei anderen Laserwellenlängen zu vergrößern. [11; 95]

In Bild 5 sind die von *Sändker* mittels Spektrometrie (Ulbrichtkugel) gemessenen optischen Eigenschaften im Wellenlängenbereich von 250 nm bis 2500 nm (UV/Vis/NIR-Spektrometer) und von 8000 nm bis 13000 nm (FTIR-Spektrometer) einer 100 µm dicken PEEK-Folie dargestellt [11].

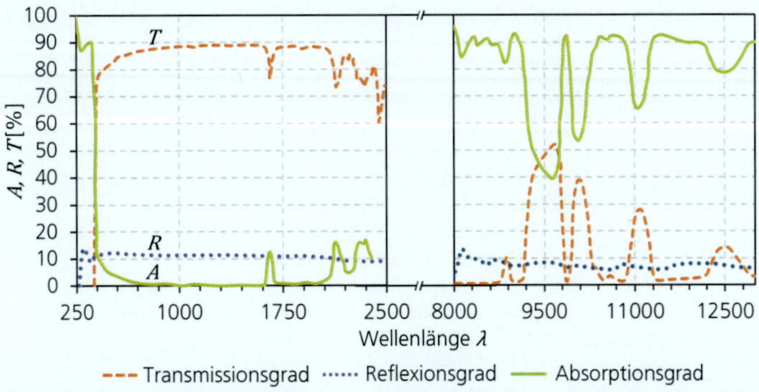

Bild 5: Gemessene Reflexions- und Transmissionsspektren sowie daraus resultierende Absorptionsspektren einer PEEK-Folie mit einer Dicke von 100 µm nach [11]

Die PEEK-Folie weist von $\lambda = 400 - 2000$ nm nahezu keine Absorption auf. Nur bei Wellenlängen kleiner 400 nm und größer 8000 nm sind vermehrt Absorptionsgrade von über 80 % zu erkennen. Der Reflexionsgrad liegt für den gesamten untersuchten Wellenlängenbereich konstant im Bereich von 8 – 12 %. Der Transmissionsgrad ist, bis auf ein Minimum bei $\lambda \approx 1650$ nm, im Wellenlängenbereich $\lambda = 400 - 2000$ nm im Bereich 80 – 90 %. Bei einer Wellenlänge von $\lambda \leq 400$ nm und $\lambda \geq 8000$ nm ist dieser gegenläufig zum Absorptionsgrad reduziert und teilweise nahe null. Der Brechungsindex n von PEEK ist durch *Sändker* mit 1,60 – 1,79 bestimmt. [11]

Für die Bearbeitung mittels Laserstrahlung ($\lambda = 980$ nm) durch *Sändker* ist partikuläres PEEK mit einer durchschnittlichen Partikelgröße von $d_{50} \approx 5$ µm mit Industrieruß als Laserabsorber versetzt. Mittels einer Ray-Tracing-Simulation mit der Software Spray von W. Theiss Hard- und Software [96] werden die optischen Eigenschaften sowie die absorbierten Energieanteile des partikulären PEEKs bestimmt. In Tabelle 1 sind die von *Sändker* simulierten absorbierten Energieanteile in der PEEK-Schicht und in dem darunter liegenden Substrat (Stahl) für eine Laserbearbeitung mit $\lambda = 980$ nm in Abhängigkeit vom Massenanteil der Laserabsorber und von der Schichtdicke dargestellt. [11]

Tabelle 1: Absorbierter Energieanteil in PEEK-Schicht und Stahl-Substrat in Abhängigkeit vom Massenanteil der Laserabsorber und von der Schichtdicke nach [11]

Schichtdicke [µm]	Massenanteil Ruß [%]	Absorbierter Energieanteil [%]	
		PEEK	Substrat
35	0	< 1	25
35	0,1	17	19
35	0,2	27	15
50	0,1	30	17

Ohne die Beimischung des Laserabsorbers beträgt der Absorptionsgrad der betrachteten partikulären PEEK-Schicht (Schichtdicke: 35 µm) < 1 %. Die Beimischung von 0,1 wt% Ruß führt zu einem Absorptionsgrad der PEEK-Schicht von 17 % und bei einer Beimischung von 0,2 wt% Ruß zu einem Absorptionsgrad von 27 %. Durch die Zugabe der Laserabsorber wird der absorbierte Energieanteil im Substrat von 25 % ohne Absorber auf 19 % bei 0,1 wt% Ruß und 15 % bei 0,2 wt% Ruß reduziert. Die Schichtdickenabhängigkeit der optischen Eigenschaften wird bei PEEK mit 0,1 wt% Ruß mit einer weiteren Schichtdicke von 50 µm simulativ ermittelt. Die Vergrößerung der Schichtdicke führt zu einer Vergrößerung des Absorptionsgrades der PEEK-Schicht auf 30 % und zu einer Reduzierung des Energieanteils im Substrat auf 17 %. Eine Simulation weiterer Schichtdicken oder der schichtdickenabhängigen optischen Eigenschaften von nicht additiviertem PEEK erfolgt nicht. Neben der Simulation des absorbierten Energieanteils des additivierten und nicht additivierten PEEKs bei $\lambda = 980$ nm wird auch der absorbierte Energieanteil einer nicht additivierten PEEK-Schicht bei $\lambda = 10600$ nm simulativ bestimmt. Dabei ist der absorbierte Anteil im Stahlsubstrat < 0,5 %. Der restliche Anteil der absorbierten Strahlung wird in der PEEK-Schicht absorbiert. [11]

Für das laserbasierte Schmelzen von partikulärem PEEK definiert *Sändker* drei Möglichkeiten für die ortsabhängige Energiedeposition [11]:

1. **Substratdominierte Energiedeposition:** Bei der Laserbearbeitung von PEEK-Pulver mit $\lambda = 980$ nm ohne Additivierung erfolgt die Energiedeposition ausschließlich im Substratmaterial.

2. **Beschichtungsdominierte Energiedeposition:** Bei der Laserbearbeitung von PEEK-Pulver mit $\lambda = 10600$ nm ohne Additivierung erfolgt die Energiedeposition fast ausschließlich in der PEEK-Schicht.

3. **Gemischte Energiedeposition:** Bei der Laserbearbeitung von PEEK-Pulver mit $\lambda = 980$ nm mit einer Rußadditivierung von 0,1 wt% oder 0,2 wt% erfolgt die Energiedeposition teilweise in der PEEK-Schicht und teilweise im Substratmaterial.

Äquivalent zum Substratmaterial sind auch für die laserbasierte Bearbeitung des partikulären PEEKs genaue Kenntnisse über die Temperaturabhängigkeit der optischen Eigenschaften von PEEK notwendig. Die temperaturabhängigen optischen Eigenschaften von PEEK und anderen Polymeren sind in der Forschung teilweise untersucht.

Laumer et al. haben die temperaturabhängigen optischen Eigenschaften der partikulären Polymere PA12 und mit Aerosil additiviertes Polypropylen (PP) mit einer Schichtdicke von 200 µm für das Laserstrahlschmelzen (LBM) bei einer Wellenlänge von 1940 nm gemessen: PA12 und PP zeigen bei der Aufheizung unterhalb ihrer Schmelztemperatur kaum Änderungen des Absorptionsgrades. Bei der Aufschmelzung fällt der Absorptionsgrad für beide Polymere ab. Als mögliche Ursache wird die Abnahme der nach den Autoren absorbierenden kristallinen Bereichen im Polymer während der Aufschmelzung angegeben. [97]

Zu den temperaturabhängigen optischen Eigenschaften von partikulärem PEEK sind nur die von *Sändker* durchgeführten Untersuchungen bekannt. In Bild 6 sind die gemessenen temperaturabhängigen optischen Eigenschaften einer additivierten PEEK-Schicht (0,1 wt% Ruß, Schichtdicke: 50 µm) bei $\lambda = 980$ nm dargestellt: [11]

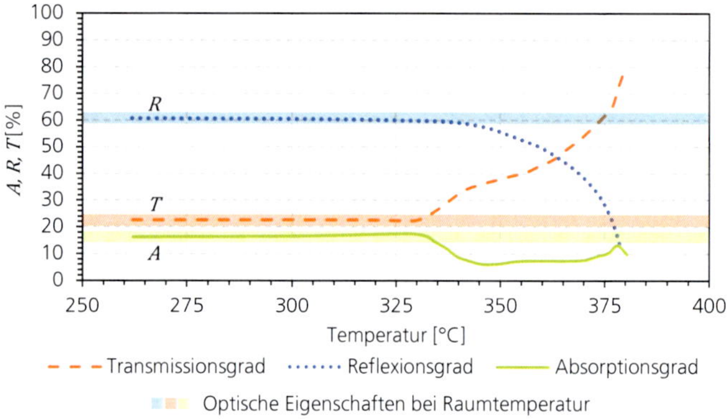

Bild 6: Reflexions-, Transmissions- und Absorptionsgrad einer additiverten PEEK-Schicht (0,1 wt% Ruß, Schichtdicke: 50 µm) auf einem Quarzglassubstrat bei $\lambda = 980$ nm in Abhängigkeit von der Temperatur nach [11]

Der Reflexions-, Transmissions-, und Absorptionsgrad des partikulären PEEKs ist über den Temperaturbereich von 250 – 330 °C konstant. Die Werte entsprechen den optischen Eigenschaften bei Raumtemperatur. Wie auch bei der Untersuchung von *Laumer et al.* [97] beginnt der Transmissionsgrad bei der Aufheizung ab unterhalb der Schmelztemperatur von PEEK ($T > 330$ °C) zu steigen. Der Reflexions- und Absorptionsgrad sinken. Die Zunahme des Transmissionsgrades und Abnahme des Reflexionsgrades werden auf die Abnahme an Mehrfachreflexionen durch die Aufschmelzung zurückgeführt. Im Gegensatz zu *Laumer et al.* werden nicht die kristallinen Bereiche im Polymer, sondern die Additivierung des PEEKs als Ursache für die Absorption im Polymer angegeben. [11]

Zusammenfassend können die optischen Eigenschaften von homogenen und partikulären Medien modelltheoretisch beschrieben werden. Die schichtdickenabhängige Absorption in einer homogenen Schicht kann durch das Lambert-Beer'sche Gesetz beschrieben werden. Bei partikulären Systemen ist eine numerische Berechnung, beispielsweise mittels Ray-Tracing-Simulation, notwendig. Für die Entwicklung eines laserbasierten Bearbeitungsverfahrens sind genaue Kenntnisse der temperaturabhängigen optischen Eigenschaften der verwendeten Materialien notwendig. Die temperaturabhängigen optischen Eigenschaften des Substratmaterials EN AW-6082 werden bisher nicht in der Literatur beschrieben und sind von Legierungszusammensetzung, Oberflächentopografie und Aufheizraten abhängig. Bezüglich des partikulären PEEKs wird festgestellt, dass die optischen Schichteigenschaften bei Raumtemperatur von Laserabsorbern, Partikelgrößenverteilung und Schichtdicke abhängig sind und im Einzelfall experimentell bestimmt werden müssen. Die optischen Eigenschaften für PEEK sind im partikulären Zustand bei $\lambda = 980$ nm bis zu der Temperatur von ca. 330 °C konstant und unterliegen bei der Aufschmelzung signifikanten Änderungen.

2.3 Mechanismen zur Beschreibung der Verbundfestigkeit zwischen PEEK und Metall

Beim laserbasierten Schmelzen von partikulären PEEK-Schichten auf Aluminium entsteht aufgrund der artfremden Materialien von Polymer und Metall keine stoffschlüssige Verbindung. Doch eine große Verbundfestigkeit zwischen Schicht und Substrat ist eine notwendige Voraussetzung, für die technische Anwendbarkeit der hergestellten Beschichtung. Insbesondere in Bezug auf die Entwicklung eines Laserverfahrens zur Herstellung von PEEK-Schichten auf metallischen Bauteilen stellt dies eine besondere Herausforderung dar, weil genaue Bedingungen am Interface zwischen Schicht und Substrat mittels Laserstrahlung eingestellt werden müssen, um haftfeste Schichten zu erzeugen. In Kapitel 2.3.1 wird ein Überblick über die theoretischen Grundlagen zur Beschreibung der Verbundfestigkeit in Metall-Polymer-Verbünden gegeben. Darauffolgend werden in Kapitel 2.3.2 die in Wissenschaft und Technik untersuchten Vorbehandlungsmethoden für die Steigerung der Verbundfestigkeit zwischen Metallen und Polymeren und im Besonderen zwischen Metall und PEEK dargestellt.

2.3.1 Theoretische Grundlagen zur Beschreibung der Verbundfestigkeit

Adhäsion beschreibt den Zustand einer Grenzschicht, der durch den Kontakt von zwei kondensierten Medien entsteht. Die Haftfestigkeit beschreibt dabei die inneren Haftkräfte in der Grenzschicht und ist wie folgt definiert: [98]

2.9

$$\sigma_H = \frac{F_i}{A_w}$$

σ_H: Haftfestigkeit
F_i: Innere Kraft an der Grenzfläche
A_w: Beim Bruch gebildete wahre Oberfläche

Dabei wird die Haftfestigkeit σ_H als das Verhältnis aus der experimentell nicht messbaren inneren Kraft F_i und der beim Bruch entstandenen wahren Oberfläche A_w beschrieben. Da die notwendigen Größen für die Bestimmung der Haftfestigkeit experimentell nicht zugänglich sind, wird für die technische Betrachtung oftmals die Größe der Verbundfestigkeit verwendet. Diese ist wie folgt definiert: [98]

2.10

$$\sigma = \frac{F_a}{A_t}$$

σ: Verbundfestigkeit
F_a: Messbare äußere Kraft
A_t: Geometrische Oberfläche

Die Verbundfestigkeit ist der Quotient aus der von außen anliegenden und messbaren Kraft F_a und der geometrischen Oberfläche A_t. Aufgrund der messtechnischen Zugänglichkeit dieser Größen wird im weiteren Verlauf dieser Untersuchung die Verbundfestigkeit als Maß für die mechanische Festigkeit der Grenzflächen verwendet.

Für die fundamentale Beschreibung der Verbundfestigkeit zwischen Polymeren und Metallen und deren grundlegenden Mechanismen gibt es in der Literatur und Technik zahlreiche Theorien. Sie schließen sich dabei nicht gegenseitig aus, sondern ergänzen sich oder sind jeweils für die Beschreibung eines speziellen Szenarios sinnvoll. Dabei können auch mehrere Kräfte der verschiedenen Theorien gleichzeitig wirken. In Bild 7 sind die nach *Silva et al.* wichtigsten Theorien zur Beschreibung der Verbundfestigkeit zusammengefasst: [99]

Bild 7:
Wichtige Theorien zur Beschreibung der Verbundfestigkeit nach [99]

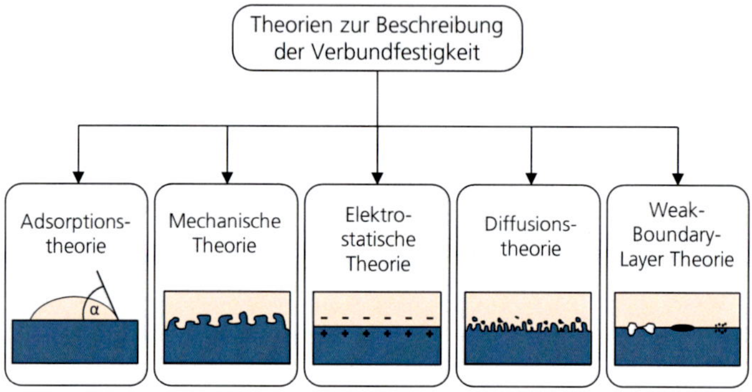

1. **Adsorptionstheorie:** Die Adsorptionstheorie ist ein Ansatz zur thermodynamischen Beschreibung der Verbundfestigkeit, wenn ein flüssiges Polymer/Klebstoff oder ähnliches in Kontakt mit einem festen Substrat kommt. Die Verbundfestigkeit entsteht durch intermolekulare Kräfte, die je nach verwendeten Materialien und chemischer Zusammensetzung unterschiedlich ausfallen. Mögliche Kräfte sind Dispersionskräfte, Dipolanziehung oder Induktionskräfte. Die Stärke der vorliegenden Kräfte ist dabei von der realen Kontaktfläche und somit von der Benetzung der Flüssigkeit auf dem Substrat abhängig. Generell steht die Adsorptionstheorie in engem Zusammenhang mit den relevanten Oberflächenenergien des Substrates und den daraus resultierenden Kontaktwinkeln der benetzenden Flüssigkeit. Die Theorie kann für die Beschreibung der Verbundfestigkeit auf glatten und rauen Oberflächen verwendet werden. [98–101]

2. **Mechanische Theorie:** Das Aufrauen einer Oberfläche durch eine Vorbehandlung kann die Verbundfestigkeit von Klebeverbindungen vergrößern. In Bezug auf die Adsorptionstheorie kann die Oberflächenenergie durch die Vorbehandlung erhöht und somit auch die Benetzung des Klebstoffs/Polymers erhöht werden. Das resultiert in einer erhöhten Verbundfestigkeit. Die mechanische Theorie kommt bei sehr rauen Oberflächen zum Einsatz, die die Möglichkeit einer formschlüssigen Verbindung zwischen Polymer und Substrat durch Materialverklammerungen in Kapillaren, Hinterschneidungen oder Poren bietet. In diesem Fall sind die bei einer Belastung auftretenden mechanischen Kräfte, die durch die formschlüssige Verklammerung entstehen, die dominierenden Haftkräfte. [98; 99]

3. **Elektrostatische Theorie:** Die Basis der elektrostatischen Theorie ist, dass in jedem kondensierten Material freie Ladungsträger vorhanden sind. Aus diesem Grund liegt immer ein elektrochemisches Potential an

der Grenzfläche zwischen zwei Materialien vor. Elektronische oder ionische Ladungsträger neigen dazu, sich über die Grenzfläche zu bewegen, sodass eine sogenannte „elektrische Doppelschicht" entsteht. Die vorliegenden elektrostatischen Kräfte stellen in diesem Fall die dominierenden Haftkräfte dar. [98; 99; 102]

4. **Diffusionstheorie:** Die Diffusionstheorie beschreibt die Entstehung von Haftkräften durch die gegenseitige Materialdiffusion der Fügepartner über die Grenzfläche. Diese Theorie kommt vor allem bei dem Kontakt von zwei Polymeren zum Einsatz, wobei die Diffusion zum Beispiel von Zeit, Temperatur, Druck und Molekulargewicht abhängig ist. Neben der Anwendung auf eine Polymer-Polymer-Grenzfläche argumentiert *Voyutskii*, dass die Theorie auf auch für die Beschreibung der Verbundfestigkeit einer Polymer-Metall-Grenzfläche verwendet werden kann. [98; 99; 103; 104]

5. **Weak-Boundary-Layer-Theorie:** Im Gegensatz zu den anderen Theorien beschäftigt sich die Weak-Boundary-Layer-Theorie mit den Störgrößen, die die Verbundfestigkeit zwischen zwei Fügepartnern beeinflussen. Dafür werden Zwischenschichten verantwortlich gemacht, die sich zwischen den beiden Fügepartnern ausbilden können und dabei einen negativen Einfluss auf die Verbundfestigkeit haben. Sie werden „schwache Grenzschichten" oder „Weak-Boundary-Layers" genannt. Eine Reinigung oder Vorbehandlung des Substrates gilt generell als Möglichkeit, schwache Grenzschichten zu entfernen und so die Verbundfestigkeit zu vergrößern. Mögliche Ursachen für die Entstehung dieser Grenzschichten sind Verunreinigungen, chemische Reaktionen (Oxidation) oder Lufteinschlüsse an der Grenzfläche. [99; 105; 106]

2.3.2 Vorbehandlungsmethoden für die gesteigerte Verbundfestigkeit zwischen PEEK und Metall

Der Einfluss der Vorbehandlungsmethode und der dabei erzeugten Oberflächentopografie auf die Verbundfestigkeit zwischen PEEK und verschiedenen Metallen ist in der Literatur teilweise untersucht.

Eine Untersuchung von *Patel et al.* zum Einfluss der Vorbehandlung von 1.4301 Stahl mittels Sandstrahlen, Entfetten und Ätzen auf die Verbundfestigkeit zwischen Substrat und pulverflammgespritztem PEEK legt nahe, dass ein positiver Wert der Schiefe S_{sk} zu einer größeren Verbundfestigkeit führt, die mittels Ritztest bestimmt sind [43]. Ergebnisse von *Palathai et al.* über die Verbundfestigkeit von flammgespritztem PEEK auf vorbehandeltem Stahl und Aluminium zeigen dagegen, dass eine Steigerung der Rauigkeit R_{sk} zu einer Vergrößerung der Verbundfestigkeit führt. Dieses Verhalten wird durch die Zunahme der mechanischen Verklammerung in Folge der vergrößerten Rauigkeit erklärt [107].

Eine weitere Untersuchung von *Großmann* beschreibt, dass durch die Vergrößerung der Rauigkeit neben der mechanischen Verklammerung auch andere Haftkräfte, wie von der Adsorptionstheorie beschrieben, erhöht werden [108].

Auch werden Laservorbehandlungen zur Vergrößerung der Verbundfestigkeit von Metall-PEEK-Verbunden verwendet. *Schulze et al.* beschreibt die Vorbehandlung von Titan für Titan-PEEK-Laminate [109] und *Sändker* die Vorbehandlung von Stahl (100Cr6) [11] und Aluminium (EN AW-6082) [14] für das laserbasierte Schmelzen von PEEK-Schichten.

Bei den Untersuchungen von *Sändker* zur Laservorbehandlung von Stahlsubstraten wird der Einfluss der Oberflächentopografie des Substrates auf die Benetzung durch Testflüssigkeiten und schmelzflüssigem PEEK sowie die Verbundfestigkeit des Metall-PEEK-Verbundes analysiert. Die hergestellten Oberflächenrauigkeiten liegen im Bereich von $S_a = (0{,}26 \pm 0{,}01)$ µm bis $S_a = (2{,}40 \pm 0{,}31)$ µm. Durch die Laservorbehandlung verkleinert sich der Kontaktwinkel zwischen der Substratoberfläche und den Testflüssigkeiten Wasser und Diiodmethan und die Oberflächenenergie des Substrates erhöht sich. Jedoch wird keine eindeutige Korrelation zwischen der Oberflächenenergie und der Oberflächenrauigkeit S_a oder dem Oberflächenkoeffizient A_{real}/A_{ideal} identifiziert. Lediglich wird in erster Näherung eine Abhängigkeit zu dem Oberflächenkennwert der Schiefe S_{sk} festgestellt. Bei Kontaktwinkelmessungen des schmelzflüssigen PEEKs auf dem Substrat wird keine Korrelation zu den Oberflächenkennwerten identifiziert. Die Untersuchung des Kontaktwinkels von lasergeschmolzenem PEEK auf unbehandelten Substraten ergab, dass der Kontaktwinkel in zwei Stufen bei den Vorheiztemperaturen des Substrates von 175 °C und 260 °C reduziert wird. Die Vorheiztemperatur des Substrates ist somit als kritischer Verfahrensparameter für die Benetzung identifiziert. Für die Verbundfestigkeit wird auch eine Abhängigkeit von der Rauigkeit S_a und Schiefe S_{sk} der Substratoberfläche mittels Ritztest bestimmt. Mit Vergrößerung der Rauigkeit S_a und Schiefe S_{sk} vergrößert sich die Verbundfestigkeit, wobei die Schiefe S_{sk} eine größere Korrelation mit der Verbundfestigkeit aufweist. Diese Abhängigkeit ist mittels Gitterschnitttest nicht zu identifizieren. Ein Einfluss des Oxidanteils der Oberfläche auf die Verbundfestigkeit ist nicht zu beobachten. [11]

In einer zweiten Untersuchung von *Sändker* ist das laserbasierte Schmelzen von partikulärem PEEK auf laservorbehandelten Aluminiumsubstraten (EN AW-6082) gezeigt. Mit der Steigerung der Oberflächenrauigkeit des Substrates bis zu einem Wert von $S_a \approx 1{,}8$ µm kann die Verbundfestigkeit des PEEK-Aluminium-Verbundes erhöht werden. Ab einer Oberflächenrauigkeit von $S_a \approx 3$ µm nimmt die Verbundfestigkeit jedoch wieder ab. Eine Oberflächenrauigkeit von $S_a = (2{,}3 \pm 0{,}5)$ µm wird von *Sändker* als am besten geeignet für eine große Verbundfestigkeit zwischen PEEK und Aluminium empfohlen. [14]

Zusammenfassend gibt es verschiedene Modelle, mit welchen die grundlegenden Mechanismen der Verbundfestigkeit in einem Metall-Polymer-Verbund beschrieben werden können. Die Theorien schließen sich dabei nicht gegenseitig aus, sondern ergänzen sich und sind jeweils für die Beschreibung eines speziellen Szenarios anwendbar. Verschiedene Untersuchungen aus Wissenschaft und Technik haben gezeigt, dass durch die Vorbehandlung des Substrates mittels Laserstrahlung oder Sandstrahlen die Verbundfestigkeit zwischen PEEK und Metall bei verschiedenen Beschichtungsverfahren erhöht wird. Eine Untersuchung des Einflusses der Substrattemperatur auf die Verbundfestigkeit ist teilweise durch *Sändker* beschrieben, der eine Abnahme des Kontaktwinkels von schmelzflüssigem PEEK bei steigender Vorheiztemperatur auf einem Stahlsubstrat beobachtet. Die Vorheiztemperatur des Substrates ist als kritischer Verfahrensparameter für die Benetzung identifiziert.

3 Vorgehensweise

3.1 Defizit im Stand der Wissenschaft und Technik

Aus den in Kapitel 2 dargestellten Inhalten lassen sich zentrale Defizite im derzeitigen Stand der Wissenschaft und Technik zusammenfassen. Diese werden bezüglich „Stand der Technik" und „Stand der Wissenschaft" unterschieden:

Defizite im Stand der Technik:

- Das konventionelle, ofenbasierte Schmelzen ist das meistverwendete Verfahren für die Herstellung von PEEK-basierten Beschichtungen auf Metallbauteilen. Damit ist eine zuverlässige Herstellung von haftfesten und dichten Schichten möglich. Aufgrund der vollständigen Aufheizung von Schicht und Substrat auf > 340 °C über mehrere Minuten ist die Beschichtung von temperaturempfindlichen Substraten wie Stahl (100Cr6) oder Aluminium (EN AW-6082) nur unter größerem Verlust der Bauteilhärte möglich. Des Weiteren ist die Beschichtung von Bauteilen mit großer Masse mit einem enormen Energieverbrauch verbunden.

- Bei der Verwendung des konventionellen thermischen Spritzens entstehen PEEK-Schichten mit einer kleinen Dichte (< 80 %) und kleiner Verbundfestigkeit. Sowohl die Dichte als auch die Verbundfestigkeit können entweder durch die Vorheizung des Bauteils in der Größenordnung der Schmelztemperatur oder durch eine thermische Nachbehandlung mittels Ofenverfahren bei Temperaturen größer als 340 °C erhöht werden. Eine Beschichtung von temperaturempfindlichen Bauteilen ist dann nur mit den oben genannten Nachteilen möglich.

- Bei den konventionellen Beschichtungsverfahren ist die Herstellung von ortsselektiven PEEK-Beschichtungen aufgrund der flächigen Applikation des partikulären PEEKs nur eingeschränkt möglich. Wird technisch ein lokales Aufbringen der PEEK-Schicht benötigt, werden in den meisten Fällen aufwendige Maskenverfahren verwendet.

Defizite im Stand der Wissenschaft:

- Bei einer laserbasierten Nachbehandlung von thermisch gespritzten PEEK-Schichten können haftfeste und dichte Schichten hergestellt werden. Eine Bewertung hinsichtlich des Einflusses des Verfahrens auf die thermische Belastung des Substratmateriales ist nicht dokumentiert. Ebenso bietet das Verfahren keine Verbesserung der Ortsselektivität im Vergleich zum konventionellen thermischen Spritzen.

- Beim Laserschmelzen von partikulären PEEK-Schichten können haftfeste und nicht vollständig dichte Einzelschichten oder haftfeste und dichte Mehrfachschichten mit einem kleineren Härteverlust im Substratmaterial im Vergleich zum konventionellen Ofenverfahren hergestellt werden. Dennoch stellt die Vorheizung des Bauteils mittels Heizplatte noch eine Limitierung des Verfahrens für die Umsetzung in einer industriellen Anwendung dar. Zurzeit muss das gesamte Bauteil auf die notwendige Vorheiztemperatur gebracht werden, was vor allem bei großen Bauteilen mit einem großen Energieverbrauch und teilweise auch Härteverlust einhergeht. Zum anderen ist die Vorheizung nur für 2D-Komponenten demonstriert.

- Untersuchungen zum Einfluss der Oberflächentemperatur von Aluminiumsubstraten auf die Verbundfestigkeit eines PEEK-Aluminium-Verbundes und deren zugrundeliegenden Mechanismen zur Beschreibung der Verbundfestigkeit sind nicht bekannt. Die Messung der Verbundfestigkeit basiert bisher auf Gitterschnittbewertungen und Ritztests, wodurch eine Quantifizierung der Verbundfestigkeit zwischen PEEK und Aluminiumsubstraten nicht untersucht ist.

- In der Literatur sind Veröffentlichungen zu den optischen Eigenschaften von Aluminiumoberflächen bekannt. Doch aufgrund des Einflusses von Legierungszusammensetzung, Oberflächentopografie sowie Aufheizraten auf die optischen Eigenschaften sind diese für die in dieser Arbeit verwendeten Legierung EN AW-6082 auf Basis von Literaturangaben nicht vorhersagbar und müssen experimentell bestimmt werden.

- Bezüglich der optischen Eigenschaften von partikulären PEEK-Schichten sind Veröffentlichungen bekannt, welche die Reflexions- und Transmissionsgrade sowie deren modelltheoretische Beschreibung bei einer konstanten Schichtdicke beschreiben. Die schichtdickenabhängigen optischen Eigenschaften, die räumliche Strahlpropagation von Laserstrahlung in partikulären PEEK-Schichten sowie das laserinduzierte Zersetzungsverhalten von partikulärem PEEK sind nur ansatzweise untersucht. Diese Kenntnisse sind für die erfolgreiche Umsetzung einer laserbasierten Aufheizung des Substrates notwendig.

Nach aktuellem Stand von Wissenschaft und Technik ist nur ein Verfahren erforscht, welches eine Beschichtung von temperaturempfindlichen metallischen Bauteilen mit PEEK-Werkstoffen teilweise möglich macht. Dennoch bestehen bei diesem Verfahren noch große Defizite zu einer angemessenen Reduzierung des entstehenden Härteverlustes insbesondere bei langen Prozesszeiten und großen Bauteilen. Die ganzheitliche Aufheizung des zu beschichteten Bauteils bedingt neben dem entstehenden Härteverlust einen großen Energieverbrauch als auch komplexere Anlagentechnik für die Beschichtung von 3D-Komponenten.

3.2 Zielsetzung

Das Ziel dieser Arbeit ist, die bisherige Vorheizung des laserbasierten Schmelzverfahrens mittels einer Heizplatte durch die Aufheizung des Substrates mittels einer zweiten Laserstrahlquelle auf Aluminiumsubstraten zu ersetzen (Zwei-Strahl-Ansatz). Die zentrale Fragestellung ist, ob eine ausreichende Aufheizung mit einer einzelnen Überfahrt (Aufheizzeit $< 0,1$ s) möglich ist und welche limitierenden Faktoren hierfür existieren. Zwei mögliche Zwei-Strahl-Ansätze werden untersucht (siehe Bild 1): Eine vorgeschaltete Aufheizung der Substratoberfläche mittels Diodenlaserstrahlung vor dem Schmelzen der PEEK-Schicht mittels CO_2-Laserstrahlung (Transmission durch partikuläre PEEK-Schicht) und eine nachgeschaltete Aufheizung der Substratoberfläche mittels Diodenlaserstrahlung durch die bereits mit CO_2-Laserstrahlung geschmolzene PEEK-Schicht (Transmission durch geschmolzene PEEK-Schicht).

Für die Umsetzung der Zielsetzung ist ein ausführliches Verständnis der Energiedeposition der Laserstrahlung im Beschichtungs- und Substratmaterial und des Wärmetransportes im gesamten Materialsystem notwendig. Zur Erzielung des notwendigen Verständnisses werden die Arbeiten an folgenden Forschungsfragen ausgerichtet:

1. Wie beeinflussen die Laserverfahrensparameter (Vorschubgeschwindigkeit, Pulsfrequenz) während der Oberflächenvorbehandlung die erzielte Topografie, die chemische Zusammensetzung und die optischen Eigenschaften des Aluminiumsubstrates?

2. Wie beeinflussen die Oberflächentemperatur und die Oberflächentopografie des Substrates die Verbundfestigkeit zwischen der lasergeschmolzenen PEEK-Beschichtung und dem Aluminiumsubstrat und durch welche Mechanismen kann die Verbundfestigkeit beschrieben werden?

3. Welchen Einfluss hat die Aufschmelzung der partikulären PEEK-Schichten auf die optischen Eigenschaften des Schichtsystems?

4. Wie ist das Streuverhalten einer partikulären PEEK-Schicht für Laserstrahlung ($\lambda = 980$ nm) bei definierter Schichtdicke und welcher Laserstrahldurchmesser liegt nach der Propagation durch die partikuläre Schicht an der PEEK-Substrat-Grenzfläche vor?

5. Welchen Einflüssen unterliegt die Zersetzung von partikulärem und geschmolzenem PEEK bei der Laserbearbeitung und welche Grenzen gelten bei der Wahl der Verfahrensparameter für die zerstörungsfreie Bearbeitung?

6. Welche maximale Temperatur kann bei der Transmission von Laserstrahlung mit der Wellenlänge $\lambda = 980$ nm durch partikuläre und geschmolzene PEEK-Schichten auf der Substratoberfläche erzeugt werden und ist diese ausreichend, um eine Verbundfestigkeit > 5 MPa zwischen PEEK und Substrat zu erreichen?

7. Mit welcher Zwei-Strahl-Bearbeitungsstrategie können PEEK-Schichten mit einer Verbundfestigkeit von > 5 MPa auf Aluminium hergestellt werden?

8. Welcher Härteverlust entsteht im Substrat bei der Bearbeitung mittels der Zwei-Strahl-Ansätze und wie kann der Härteverlust durch Anpassung der Verfahrensparameter verringert werden (Ziel: Härteverlust < 15 %)?

3.3 Vorgehensweise

Die basierend auf der Zielsetzung abgeleitete Vorgehensweise der Arbeit ist in Bild 8 schematisch dargestellt:

Bild 8: Ablaufdiagramm der Vorgehensweise

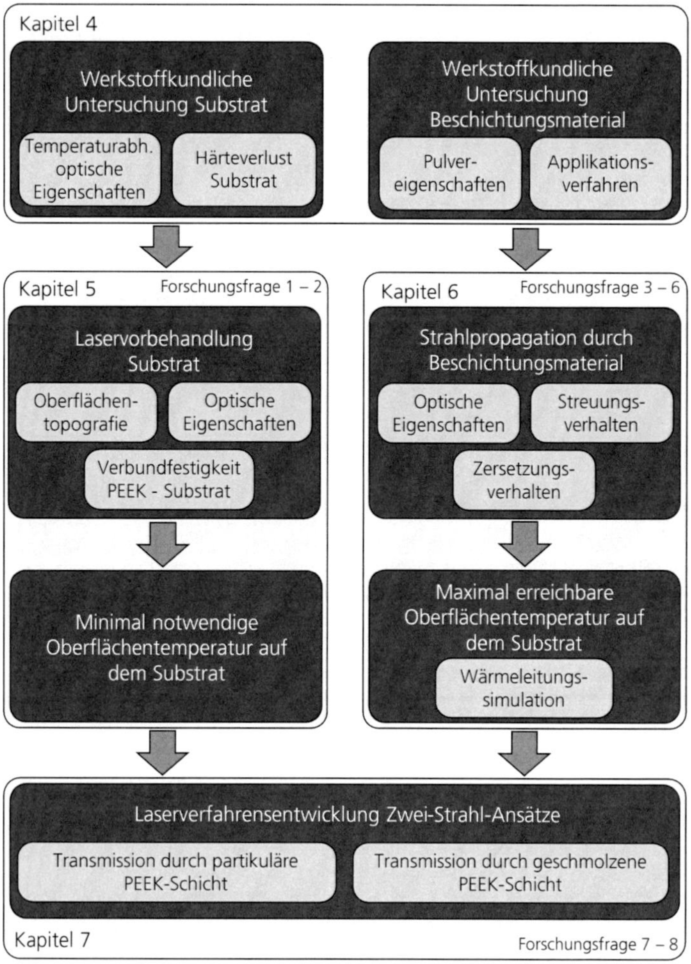

Kapitel 4 stellt die Grundlage der experimentellen Verfahrensentwicklung dar. Sie beinhaltet die werkstoffkundliche Untersuchung des Substratmaterials Aluminium EN AW-6082 und des Beschichtungsmaterials PEEK. Für das Substratmaterial werden die temperaturabhängigen optischen Eigenschaften sowie der temperatur- und zeitabhängige Härteverlust des Materials untersucht. Für das Beschichtungsmaterial werden neben den Pulvereigenschaften von PEEK auch ein Verfahren für die reproduzierbare Applikation von Schichten aus partikulärem PEEK untersucht und charakterisiert.

Im Anschluss wird in Kapitel 5 der Einfluss der Laservorbehandlung des Substratmaterials auf das Laserschmelzverfahren untersucht. Dabei wird eine Parameterstudie unter Nutzung zweier verschiedener Laserstrahlquellen auf dem Substratmaterial durchgeführt. Die hergestellten Flächen werden bezüglich ihrer Oberflächenrauigkeit und optischen Eigenschaften charakterisiert. Darauffolgend wird systematisch der Einfluss der Oberflächentopografie und Oberflächentemperatur auf die Verbundfestigkeit zwischen Aluminium und lasergeschmolzenen PEEK-Schichten untersucht. Die vielversprechendste Oberflächentopografie wird ausgewählt und die dafür minimal notwendige Oberflächentemperatur bestimmt, bei der eine ausreichende Verbundfestigkeit zwischen PEEK und Aluminium erreicht wird.

Parallel dazu wird in Kapitel 6 die Propagation von Laserstrahlung ($\lambda = 980$ nm) durch partikuläre und geschmolzene PEEK-Schichten für die laserbasierte Aufheizung des Substrates untersucht. Dafür werden im ersten Schritt die schichtdickenabhängigen, optischen Eigenschaften von partikulären und geschmolzenen PEEK-Schichten bestimmt. Dann wird die Streuung der Laserstrahlung bei der Propagation durch die partikuläre PEEK-Schicht analysiert. Im Anschluss werden durch die Untersuchung des Zersetzungsverhaltens der PEEK-Schichten die Grenzen für die maximal transmittierte Laserleistung für die Aufheizung ermittelt. Auf Basis dieser Ergebnisse wird mit Hilfe einer Simulation der Temperaturverteilung die maximal erreichbare Oberflächentemperatur des Substrates bestimmt.

In Kapitel 7 wird die minimal notwendige Oberflächentemperatur aus Kapitel 5 mit der maximal erreichbaren Oberflächentemperatur aus Kapitel 6 verglichen. Basierend auf dem Ergebnis werden Bearbeitungsstrategien für beide Zwei-Strahl-Ansätze entwickelt und getestet. Die hergestellten Proben werden bezüglich ihrer funktionalen Schicht- und Substrateigenschaften (Härte, Verbundfestigkeit und Dichte) charakterisiert. Im Anschluss wird eine Anpassung des Verfahrens zur weiteren Reduzierung des Härteverlustes des Substrates durchgeführt.

4 Werkstoffkundliche Untersuchung

Zielstellung dieses Kapitel ist es, die für die vorliegende Arbeit relevanten werkstoffkundlichen Eigenschaften von Substrat- und Beschichtungsmaterial zu untersuchen. Die Ergebnisse werden zur Identifikation von Einflussgrößen auf das Applikations- und Laserverfahren sowie als Eingangsgrößen für die Simulation der Temperaturverteilung in Kapitel 6.4 verwendet. Ebenso wird die Applikation des Beschichtungsmaterials auf dem Substratmaterial untersucht. In Kapitel 4.1 werden die Härte und optischen Eigenschaften des Aluminiumsubstrates im Ausgangszustand sowie in Abhängigkeit von der Temperatur betrachtet. In Kapitel 4.2 wird auf die Partikelgrößenverteilung, Morphologie und optischen Eigenschaften des Beschichtungsmaterials eingegangen. Darauffolgend wird in Kapitel 4.3 die Applikation des Beschichtungsmaterials auf dem Substratmaterial untersucht. Das beinhaltet das Dispergieren des Materials und die Untersuchung des Applikationsverfahrens.

4.1 Substratmaterial

Das in der vorliegenden Arbeit verwendete Substratmaterial ist die aushärtbare Aluminium-Knetlegierung EN AW-6082 (AlMgSi1). Sie wird der Gruppe der Aluminium-Magnesium-Silizium-Legierungen zugeordnet. Im Vergleich zu anderen Aluminiumlegierungen verfügt sie im ausgehärteten Zustand über eine mittlere bis große Zugfestigkeit ($R_m \approx 270 - 310$ MPa [110–112]) und weist eine kleine Korrosionsanfälligkeit auf. Aufgrund ihrer Eigenschaften wird diese Legierung in der Luftfahrttechnik, Automobilindustrie, Schiffsbau, Bauwesen und im allgemeinen Maschinenbau genutzt. [113]

Die chemische Zusammensetzung des Aluminiumsubstrates ist in Tabelle 2 dargestellt [110–112]:

Tabelle 2: Chemische Zusammensetzung der Legierungselemente von EN AW-6082 nach [110–112]

Element	Anteil [%]		Element	Anteil [%]	
	Min.	Max.		Min.	Max
Silizium	0,7	1,3	Mangan	0,4	1,0
Magnesium	0,6	1,2	Chrom	-	0,25
Eisen	-	0,5	Zink	-	0,2
Kupfer	-	0,1	Titan	-	0,1

Die in der vorliegenden Arbeit verwendete Legierung liegt im ausgehärteten Zustand vor (Wärmebehandlung T6 [114]). Die verwendeten Substrate haben die Abmaße 40 mm × 40 mm × 3 mm. Im Ausgangszustand beträgt die Härte des Substrates (121,4 ± 2,9) HV_{2N} und der Mittenrauwert $R_a = (0{,}37 \pm 0{,}2)$ µm. In Bild 9 sind zwei Bildaufnahmen (Aufsicht) des verwendeten Substrates dargestellt.

Bild 9:
Bildaufnahmen (Aufsicht) des verwendeten Aluminiumsubstrates

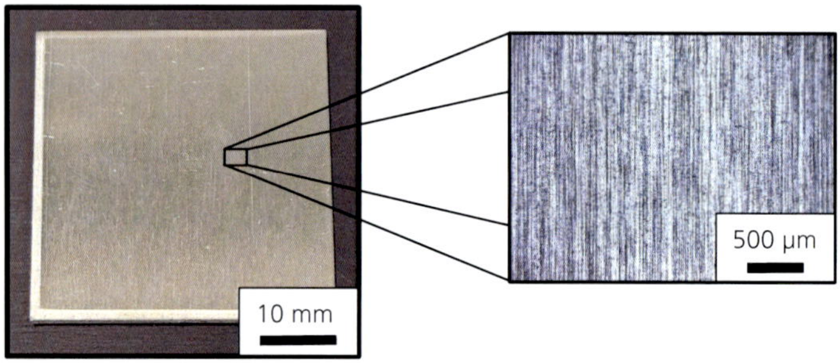

Der Reflexionsgrad R der Substratoberfläche im Ausgangszustand wird im Wellenlängenbereich von 300 nm bis 2500 nm mit dem UV/Vis/NIR-Spektrometer „Lambda 1050" von PerkinElmer gemessen. Da ein Transmissionsgrad T von 0 % gemessen wird, wird der Absorptionsgrad A basierend auf dem Zusammenhang $A = 1 - R$ (siehe Kapitel 2.2.1) berechnet. Die mittels UV/Vis/NIR-Spektrometrie bestimmten optischen Eigenschaften des Substratmaterials im Ausgangszustand sind in Bild 10 dargestellt. Die Messunsicherheit wird durch den Hersteller mit ± 2,0 %-Punkten angegeben.

Bild 10:
Optische Eigenschaften des unbehandelten Aluminiumsubstrates aus EN AW-6082

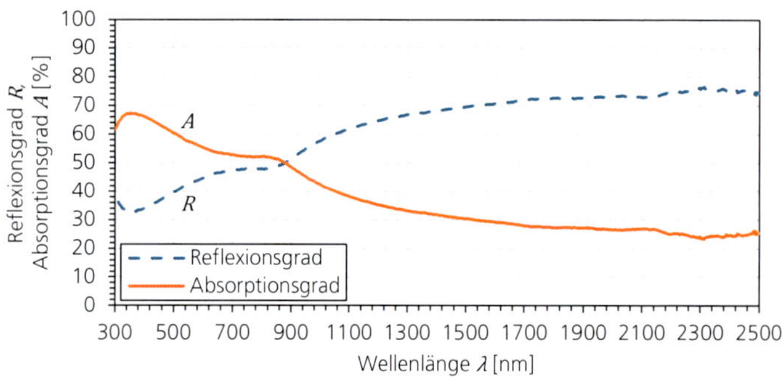

Den größten Absorptionsgrad weist die Substratoberfläche bei $\lambda \approx 370$ nm mit einem Wert von ca. 67 % auf. Mit ansteigender Wellenlänge nimmt der Absorptionsgrad bis zu einem Plateau im Wellenlängenbereich 700 nm – 900 nm ab, bei welchem der Wert zwischen 51 % und 52 % beträgt. Ab ca. 900 nm fällt der Absorptionsgrad mit steigender Wellenlänge weiter stetig ab. Das Minimum des Absorptionsgrades beträgt ca. 23 % bei $\lambda \approx 2300$ nm. Wie in Kapitel 2.2.3 beschrieben besitzt Aluminium im Bereich um $\lambda \approx 800$ nm Interbandübergänge. Diese sind vermutlich für das Plateau im Wellenlängenbereich $\lambda = 700 - 900$ nm (siehe Bild 10) verantwortlich.

Bei der für die laserbasierte Aufheizung des Substrates relevante Wellenlänge $\lambda = 980$ nm beträgt der Absorptionsgrad (42,5 ± 2,0) % bei einem Mittelrauwert von $R_a = (0,37 \pm 0,2)$ µm. Dieser Wert ist für eine Aluminiumlegierung auffallend groß (siehe Kapitel 2.2.3 [88; 89]). Aus diesem Grund wird die oberste Schicht der Substratoberfläche mit Schleifpapier (Körnung: 2000) abgeschliffen und die optischen Eigenschaften erneut gemessen. Nach dem Abschleifen beträgt der Absorptionsgrad bei $\lambda = 980$ nm $(13{,}8 \pm 2{,}0)$ %. Der Mittenrauwert beträgt $R_a = (0{,}23 \pm 0{,}04)$ µm. Da ähnliche Mittenrauwerte vorliegen, wird der große Absorptionsgrad vermutlich durch eine chemische Beeinflussung der Oberfläche verursacht, die z. B. bei der Herstellung der Aluminiumplatten entstehen kann. Für den weiteren Verlauf der vorliegenden Arbeit wird das Substrat im ungeschliffenen Zustand betrachtet.

Für die Entwicklung einer laserbasierten Aufheizung des Substrates sind genaue Kenntnisse der temperaturabhängigen Änderungen der Materialeigenschaften notwendig. Die für die Untersuchung relevante, maximale Temperatur beim laserbasierten Vorheizen beträgt etwa 340 °C (Schmelztemperatur PEEK: $T_M = 340$ °C [19]). Für die Simulation aus Kapitel 6.4 werden die Materialeigenschaften des Aluminiumsubstrates Wärmeleitfähigkeit ($k = 145 - 170$ W/mK), Wärmekapazität ($c_p = 0{,}84 - 1{,}20$ kJ/kgK) und Dichte ($\rho = 2{,}52 - 2{,}68$ g/cm^3) temperaturabhängig aus der Datenbank der Simulationssoftware Magmasoft [115] entnommen (siehe Tabelle 18 in Anhang 11.5).

Für die Bestimmung der temperaturabhängigen Änderung der Substrathärte werden Substrate mit Abmessung 10 mm × 10 mm × 3 mm mit der Heizplatte „Präzitherm Hochtemperatur-Heizplatte PZ 28-3T" von Harry Gestigkeit GmbH über einen definierten Zeitraum auf eine definierte Temperatur aufgeheizt. Die Substrathärte wird mit dem Vickers Härtemessgerät „Q30A+" von ATM Qness GmbH mit einer Prüfkraft von 2 N gemessen. Für die Härtemessungen werden Querschliffe der Proben hergestellt und 30 Messpunkte mit einem Abstand von ca. 1 mm rasterförmig über die Querschnittsfläche verteilt (3 Messpunkte in der Tiefe mal 10 Messpunkte in der Breite). Für die Untersuchung werden vier Temperaturen der Heizplatte (100 °C, 200 °C, 300 °C und 400 °C) und vier Wärmebehandlungsdauern (10 s, 30 s, 60 s und 180 s) verwendet. Die Dauer entspricht der Zeit vom Auflegen der Probe auf die Heizplatte bis zum Herunternehmen der Probe. In Bild 11 sind die Härten der wärmebehandelten Substrate in Abhängigkeit von Temperatur und Wärmebehandlungsdauer dargestellt. Da keine eindeutige Abhängigkeit zwischen Härte und Substrattiefe festgestellt wird, wird der Mittelwert aus allen 30 Messpunkten je Parametersatz gebildet.

Bild 11: Mittlere Vickershärte von Aluminiumsubstraten (EN AW-6082) nach verschiedenen Wärmebehandlungsdauern

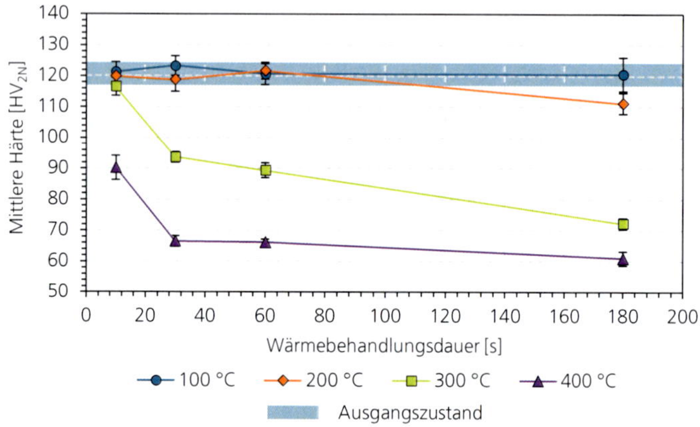

Die Härte des Substrates im Ausgangszustand beträgt (121,4 ± 2,9) HV_{2N}. Bei einer Temperatur von 100 °C wird für alle untersuchten Wärmebehandlungsdauern eine Härte von 120 HV_{2N} bis 123 HV_{2N} gemessen. Bei der Temperatur 200 °C beträgt die Härte bis zu einer Dauer von 60 s gleichbleibend ca. 120 HV_{2N}. Bei einer Wärmebehandlungsdauer von 180 s nimmt die Härte um 8,0 % auf einen mittleren Wert von (111,2 ± 3,4) HV_{2N} ab. Bei einer Temperatur von 300 °C tritt ein signifikanter Härteverlust bereits bei der Wärmebehandlungsdauer von 30 s auf. Die Härte beträgt (93,7 ± 1,8) HV_{2N} und der relative Härteverlust 22,4 %. Bei der Wärmebehandlungsdauer von 180 s ist die Härte (72,2 ± 1,8) HV_{2N} und der relative Härteverlust 40,2 %. Für die Temperatur 400 °C ist nach 10 s der relative Härteverlust 25,3 %. Dieser nimmt mit steigender Wärmebehandlungsdauer auf einen Wert von 49,5 % bei 180 s zu. Die Härte beträgt dann (61,0 ± 2,2) HV_{2N}.

Die Härte des Substratmaterials sinkt mit steigender Temperatur und Wärmebehandlungsdauer. Bei einer Wärmebehandlungsdauer von 180 s ist ab 200 °C ein Härteverlust im Substrat zu erkennen. Bei den Temperaturen 300 °C und 400 °C tritt ein Härteverlust bereits nach einer Wärmebehandlungsdauer von 10 s auf. Der Härteverlust im Substrat ist mit der Ausscheidungsbildung der Aluminiumlegierung zu erklären.

Die Aushärtung von AlMgSi-Knetlegierungen beruht auf der Bildung von Ausscheidungen aus Magnesiumsilizid. Die Löslichkeit von Mg_2Si in Aluminium ist bei Raumtemperatur nahezu null und steigt mit steigender Temperatur bis zu einer Löslichkeit von 1,8 % bei ca. 590 °C an. Um große Festigkeitswerte zu erzielen, wird bei der Wärmebehandlung das Material auf die Lösungsglühtemperatur im Bereich von 520 °C bis 550 °C erhitzt. Im Anschluss wird das Material in Wasser abgeschreckt und bei einer Temperatur von 160 °C warmausgelagert. [116]

Durch das Abschrecken wird die Löslichkeit schlagartig reduziert und es bilden sich fein verteilte Mg_2Si-Ausscheidungen, die zu einer Härtung des Materials führen. Aufgrund der gleichzeitigen Versprödung des Materials wird dieses anschließend warmausgelagert, um ein Teil der Ausscheidungen wieder im Mischkristall zu lösen. [117]

Dadurch hat eine Wiederaufheizung des Aluminiums auf Temperaturen < 160 °C bei kurzen Wärmebehandlungsdauern (< 3 min) keinen messbaren Einfluss auf die Härte des Substrates. Mit ansteigender Temperatur steigen jedoch die Diffusionsgeschwindigkeit und Löslichkeit der Ausscheidungen im Mischkristall an. Da das Substrat nicht abgeschreckt wird, lösen sich mit steigender Temperatur und Wärmebehandlungsdauer mehr Ausscheidungen im Mischkristall und die Härte im Substrat nimmt ab.

Ein Ziel der zu entwickelnden laserbasierten Aufheizung des Substrates ist es, eine funktionsrelevante Abnahme der Substrathärte von mehr als 15 % zu verhindern. Da die notwendige Vorheiztemperatur für das laserbasierte Schmelzen max. 340 °C beträgt, sind Haltezeiten von weniger als 15 s notwendig, um keine funktionsrelevante Beeinflussung der Substrathärte zu verursachen.

Im Folgenden wird die temperaturabhängige Änderung der optischen Eigenschaften des Substratmaterials untersucht. Für diese Untersuchung wird ein an *Sändker* [11] angelehnter Versuchsaufbau gewählt. Eine schematische Darstellung des verwendeten Versuchsaufbau ist in Bild 12 gezeigt.

Bild 12: Versuchsaufbau für die Bestimmung der temperaturabhängigen optischen Eigenschaften des Substratmaterials in Anlehnung an [11]

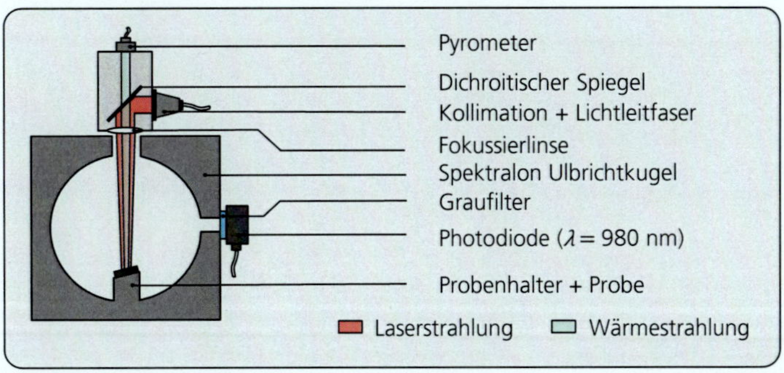

Für die Messung wird eine Hohlkugel bestehend aus Spektralon verwendet. Am Boden der Kugel wird das Aluminiumsubstrat in einem Winkel von 8° platziert. Von oben wird das Substrat mit Strahlung des Lasers „Compact Evolution 450" von DILAS Diodenlaser GmbH mit einer Wellenlänge von $\lambda = 980$ nm aufgeheizt (Strahldurchmesser: 16 mm). Die verwendete Laserleistung beträgt 180 W. Die Temperatur des Substrates wird basierend auf der emittierten Wärmestrahlung mit dem Pyrometer „SE252" von Amtron GmbH gemessen. Der detektierte Wellenlängenbereich beträgt $\lambda = 1100$ nm – 2100 nm und der Messbereich der Temperatur ca. 110 – 400 °C. Das Pyrometer wird auf Basis von Temperaturmessungen mit dem Kontaktthermometer „51II" von Fluke GmbH kalibriert. Die von der Substratoberfläche reflektierte Laserstrahlung wird mit der Photodiode „DET10A" von Thorlabs Inc. für den Wellenlängenbereich $\lambda = 200$ – 1100 nm gemessen. Das Ausgangssignal der Photodiode ist bei gleicher Wellenlänge linear abhängig von der eintreffenden Laserleistung. Um die Photodiode nicht zu beschädigen, wird die Strahlungsintensität durch Graufilter vor der Photodiode abgeschwächt. Die Messung des temperaturabhängigen Reflexionsgrades des Substrates wird wie folgt durchgeführt:

1. **Temperaturkalibrierung und Referenzmessung:** Im ersten Schritt wird eine Temperaturkalibrierung für das Pyrometer durchgeführt. Dabei wird das Substratmaterial in 50 °C Schritten bis zu einer Temperatur von 340 °C auf einer Heizplatte aufgeheizt. Bei jedem Schritt wird die Temperatur der Substratoberfläche mit dem Kontaktthermometer und die Wärmestrahlung mit dem Pyrometer gemessen. In einer Kalibrierkurve werden die mittels Pyrometer bestimmten Temperaturen der mit dem Kontaktthermometer gemessenen Temperaturen zugeordnet. Als zweites wird eine Referenzmessung für das Signal der Photodiode bei Raumtemperatur durchgeführt. Dafür wird als Probe ein Goldspiegel mit einem Reflexionsgrad von ca. 97 % mit dem Versuchsaufbau vermessen. Für das gemessene Photodiodensignal wird ein Reflexionsgrad von 97 % angenommen.

2. **Versuchsdurchführung:** Das Aluminiumsubstrat wird mittels Laserstrahlung aufgeheizt. Die Temperatur der Substratoberfläche wird zeitabhängig durch das Pyrometer aufgezeichnet. Das Spannungssignal der Photodiode wird zeitgleich mit dem Oszilloskop „DPO7104C“ von Tektronix Inc. gemessen. Bei Erreichen der Temperatur von ca. 340 °C wird der Laser ausgeschaltet.

3. **Berechnung:** Als Erstes wird die durch das Pyrometer gemessene Temperatur, basierend auf der unter Punkt 1 bestimmten Kalibierkurve, korrigiert. Als Zweites wird die zeitabhängige Temperaturkurve des Pyrometers mit dem zeitabhängigen Photodiodensignal synchronisiert und dem Photodiodensignal eine Temperatur zugeordnet. Der Reflexionsgrad wird basierend auf der Referenzmessung aus Punkt 1 über den Zusammenhang $R_{\mathrm{Probe}} = R_{\mathrm{Referenz}}\,(U_{\mathrm{Probe}}/U_{\mathrm{Referenz}})$ angenommen.

Das Ergebnis der Messung des temperaturabhängigen Reflexionsgrades des Aluminiumsubstrates EN AW-6082 ist in Bild 13 dargestellt.

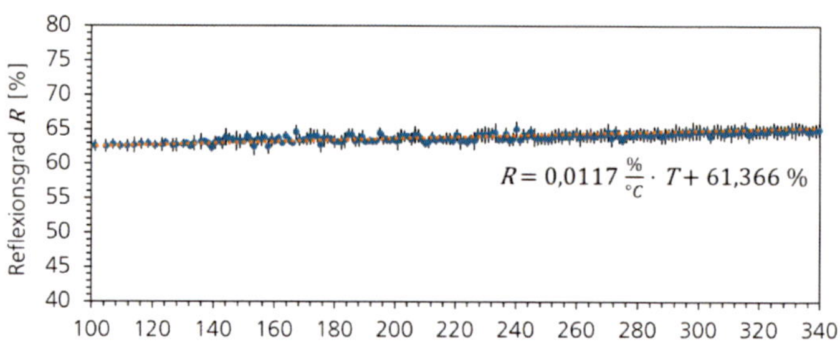

Bild 13: Temperaturabhängiger Reflexionsgrad des Aluminiumsubstrates EN AW-6082

Bei 100 °C beträgt der Reflexionsgrad ca. 63 %. Der Reflexionsgrad nimmt mit steigender Temperatur bis zu einem Wert von ca. 65 % bei der Temperatur 340 °C zu. Die optischen Eigenschaften des Aluminiums bei der Wellenlänge $\lambda = 980$ nm können sich mit steigender Temperatur aufgrund von Interbandübergängen ändern (siehe Kapitel 2.2.3). Die Zunahme des Reflexionsgrades könnte dadurch verursacht werden. Bei Messung der temperaturabhängigen optischen Eigenschaften wird mit 63 – 65 % ein etwas größerer Reflexionsgrad als bei der Messung bei Raumtemperatur mittels UV/Vis/NIR-Spektrometers mit ca. 58 % bestimmt. Dieser Unterschied kann durch die Verwendung von zwei unterschiedlichen Messgeräten und deren Messungenauigkeiten verursacht werden. Da für den Temperaturbereich 100 – 340 °C die Änderung des Reflexionsgrades innerhalb der Messungenauigkeit liegt, wird für die Simulation der Temperaturverteilung in Kapitel 6.4 ein gleichbleibender Reflexions-/Absorptionsgrad angenommen. Beim UV/Vis/NIR-Spektrometer handelt es sich im Gegensatz zum Versuchsaufbau aus Bild 12 um ein kalibriertes, kommerziell erhältliches Messgerät. Aus diesem Grund wird der mittels UV/Vis/VIR-Spektrometer bei Raumtemperatur gemessene Reflexions-/Absorptionsgrad als Eingangsgröße für die Simulation in Kapitel 6.4 verwendet.

Zusammenfassend ist festzustellen, dass die Härte des Substratmaterials signifikant durch eine Aufheizung beeinflusst wird. Bei dem für die laserbasierte Aufheizung des Substrates relevanten Temperaturbereich werden Haltezeiten < 15 s als notwendig bewertet, um eine funktionsrelevante Beeinflussung der Härte von < 15 % zu verhindern. Die optischen Eigenschaften des Substratmaterials werden nur geringfügig durch die Vergrößerung der Temperatur bis auf 340 °C beeinflusst. Für die Simulation der Temperaturverteilung in Kapitel 6.4 wird der Reflexions-/Absorptionsgrad entsprechend der Messung des UV/Vis/NIR-Spektrometers bei Raumtemperatur verwendet.

4.2 Beschichtungsmaterial

Als Beschichtungsmaterial wird ein kommerziell erhältliches PEEK-Pulver mit dem Handelsnamen VESTAKEEP® 1000 UFP10 der Firma Evonik Industries AG verwendet. Dabei steht „1000" für die Viskosität des Materials[7], das „UFP" für „Ultrafeinpulver" und die „10" für die mittlere Partikelgröße, die in diesem Fall $d_{50} \approx 10$ µm beträgt. Das Pulver ist für die Anwendung in tribologischen Beschichtungen geeignet [118]. Die mechanischen Kennwerte des verwendeten Pulvers sind in Anhang 11.2 zusammengefasst.

Um zu überprüfen, welche minimalen Schichtdicken für die PEEK-Schicht aufgrund der Partikelgrößenverteilung des Pulvers hergestellt werden können, wird die volumenanteilsmäßige Partikelgrößenverteilung mit dem „Camsizer X2" von Retsch Technology GmbH mittels dynamischer Bildanalyse des rieselnden Pulvers bestimmt. Das Ergebnis der Messung ist in Bild 14 dargestellt.

7 Die Viskosität des PEEK-Pulvers wird mit dem Kennwert „Melt Mass-flow Rate (MFR)" angegeben. Damit wird das Fließverhalten eines Thermoplasten bei bestimmten Druck- und Temperaturbedingungen charakterisiert. Der MFR beträgt für das PEEK-Pulver mit der Klassifizierung „1000" von Evonik Industries etwa *MFR/380/5* (Prüftemperatur: 380 °C, Masse: 5 kg) = 150 g/10 min.

Bild 14: Volumenanteilsmäßige Partikelgrößenverteilung des PEEK-Pulvers

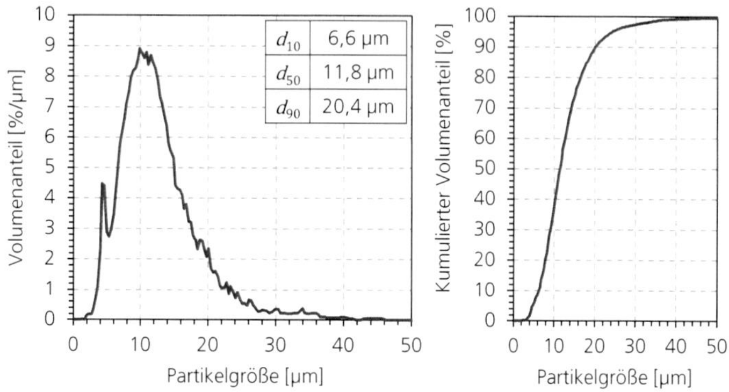

Die Partikelgrößen, die einen volumenmäßigen Anteil von > 1 %/µm am Gesamtanteil des Pulvers haben, liegen im Bereich 3 – 23 µm. Der Volumenanteil steigt von 1 %/µm bei einem Partikeldurchmesser von 3 µm bis auf 9 %/µm bei einem Partikeldurchmesser von 11 µm an. Jedoch steigt der Volumenanteil bei einem Partikeldurchmesser von 4 µm kurzzeitig auf 4 %/µm an und fällt bei einem Partikeldurchmesser von 5 µm auf 3 %/µm ab. Ab einem Partikeldurchmesser von 11 µm fällt der Volumenanteil stetig ab. Das volumenbezogene 10 %-Quantil der Partikelgrößenverteilung d_{10} beträgt 6,6 µm, das 50%-Quantil d_{50} beträgt 11,8 µm und das 90%-Quantil d_{90} beträgt 20,4 µm.

Die gemessene, mittlere Partikelgrößenverteilung weicht mit $d_{50} \approx$ 11,8 µm um ca. 2 µm von der in der Produktbezeichnung angegebenen mittleren Partikelgröße $d_{50} \approx$ 10 µm ab. Anhand der gemessenen Partikelgrößenverteilung ist zu erkennen, dass auch Partikel kleiner als 5 µm und größer als 25 µm vorhanden sind. Die Ursache für diese Bandbreite in der Partikelgrößenverteilung ist das Herstellungsverfahren des Pulvers. Das VESTAKEEP® PEEK wird in einem mehrstufigen Prozess aus den Bausteinen Hydrochinon und 4,4'-Difluorbenzophenon polykondensiert [36]. Im Anschluss werden die Partikel in einer Strahlmühle beschleunigt und zur gegenseitigen Kollision gebracht, wobei sich die Partikel verkleinern. Die Partikel, die ein zuvor definiertes Grenzgewicht unterschreiten, werden automatisch nach oben ausgeleitet. Da alle Partikel, die leichter sind als das Grenzgewicht, ausgeleitet und verwendet werden, entspricht diese Partikelzusammensetzung der Partikelgrößenverteilung.

Für eine visuelle Untersuchung der Partikelgrößen und der Morphologie der Partikel werden Aufnahmen des verwendeten Pulvers mit verschiedenen Vergrößerungen mittels Rasterelektronen-Mikroskopie (REM) erstellt (siehe Bild 15). Für die Aufnahmen wird ein Rasterelektronen-Mikroskop des Typs „Leo 1455 EP" von Carl Zeiss AG verwendet.

Bild 15: REM-Aufnahmen des verwendeten PEEK-Pulvers mit den Vergrößerungen: a) 5000X, b) 3000X, c) 1000X, d) 300X

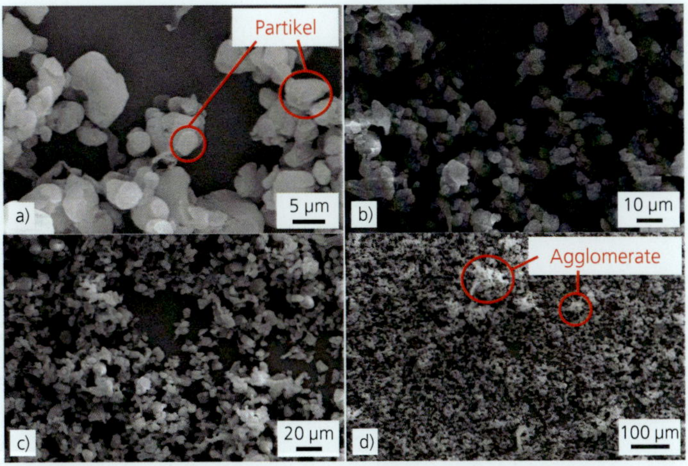

In Bild 15 a) und b) ist die Bandbreite der Partikelgrößenverteilung zu erkennen. Einzelne Partikel sind in einer Größe von 3 µm bis 15 µm erkennbar. Partikel größer als 20 µm sind nicht zu erkennen. In Bild 15 c) und d) ist zu sehen, dass sich aus einzelnen Partikeln kleine und große Agglomerate bilden. Die kleinen Agglomerate bestehen teilweise nur aus zwei bis drei Partikeln und sind kleiner als 20 µm. Die großen Agglomerate bestehen aus mehreren Partikeln und weisen eine Größe im Bereich 20 – 80 µm auf. Die Partikelform ist zum größten Teil asphärisch bis spratzig, es sind aber auch einzelne sphärische Partikel vorhanden. Die Agglomerate sind klumpenförmige Zusammenschlüsse und weisen keine definierbare Partikelform auf.

Die Ergebnisse der REM-Aufnahmen bestätigen die Ergebnisse der Partikelgrößenmessung. Die meisten Partikel weisen eine Abmessung in einer Größe zwischen 5 µm und 15 µm auf. Nach *Sändker* [11] ist 45 µm die minimale Schichtdicke bei der mit dem Pulver mit der Partikelgröße $d_{50} = 8{,}4$ µm eine homogene Oberfläche ohne Löcher mittels Rakelverfahren hergestellt werden kann. Dabei beträgt die minimale Schichtdicke die ca. 5-fache durchschnittliche Partikelgröße. Wird diese Annahme auf das in dieser Untersuchung verwendete Pulver mit der Partikelgröße $d_{50} = 11{,}8$ µm übertragen, sind Schichtdicken von mindestens 60 µm notwendig, um homogene Schichten herzustellen.

Eine umfangreiche Analyse der optischen Eigenschaften des PEEK-Pulvers wird in Kapitel 6.1 vorgenommen.

Die thermophysikalischen Eigenschaften von PEEK sind von *Sändker* [11] umfangreich untersucht. In Anhang 11.3 ist die temperaturabhängige Änderung der Wärmekapazität, Wärmeleitfähigkeit, Oberflächenspannung und Schmelzviskosität von partikulärem und geschmolzenem PEEK zusammengefasst.

Bei der Simulation in Kapitel 6.4 wird keine Wärmeleitung innerhalb des PEEKs betrachtet, wodurch Wärmekapazität, Wärmeleitfähigkeit, Oberflächenspannung und Schmelzviskosität von PEEK keine Eingangsgrößen für die Simulation sind. Eine temperaturabhängige Änderung der optischen Eigenschaften des PEEKs wird von Sändker [11] nur beim Wechsel vom partikulärem zum geschmolzenen PEEK festgestellt (siehe Kapitel 2.2.3). Aus diesem Grund werden in Kapitel 6.1 und Kapitel 6.4 nur die optischen Eigenschaften im partikulären und geschmolzenen Zustand betrachtet.

Zusammenfassend beträgt die mittlere Partikelgrößenverteilung des PEEK-Pulvers $d_{50} \approx 11{,}8$ µm. Aufgrund der gemessenen Partikelgrößenverteilung ist die Herstellung von homogenen PEEK-Schichten vermutlich nur in Dicken > 60 µm möglich. Die thermophysikalischen Eigenschaften von PEEK sind umfangreich durch Sändker [11] untersucht und werden nicht als Eingangsgrößen für die Simulation der Temperaturverteilung in Kapitel 6.4 verwendet. Eine umfangreiche Analyse der optischen Eigenschaften der PEEK-Schichten erfolgt separat in Kapitel 6.1.

4.3 Applikation Beschichtungsmaterial

Für die Applikation des PEEKs auf die Substrate wird das partikuläre PEEK dispergiert und mittels Nadeldispenser „Clever Dispense 06" der MARTIN GmbH appliziert. Das dispergierte PEEK wird dabei in eine Kartusche gefüllt und mit Überdruck durch eine Nadel auf die Substratoberfläche aufgebracht. Der Nadeldispenser wird mittels eines 3-Achs-Handlings über die Bauteiloberfläche bewegt. Durch die Verwendung einer mäanderförmigen Bearbeitungsstrategie werden flächige Schichten hergestellt. In Anhang 11.4 sind die Untersuchungen zur Identifikation eines geeigneten Lösungsmittels für die Dispergierung des PEEKs und zur Bestimmung geeigneter Parameter für die Herstellung möglichst dünner partikulärer PEEK-Schichten mittels Dispensverfahren dargestellt. Für die weitere Untersuchung wird das partikuläre PEEK mit dem Lösungsmittel Ethylenglykol (EG) in einem Massenverhältnis von 1:3 (25 % PEEK: 75 % EG) dispergiert. In Bild 16 ist der Aufbau sowie die Bearbeitungsstrategie für die Applikation des dispergierten PEEKs mittels Nadeldispenser dargestellt.

Bild 16: Aufbau und Bearbeitungsstrategie für die Verarbeitung von partikulären PEEK-Dispersionen mittels Nadeldispenser

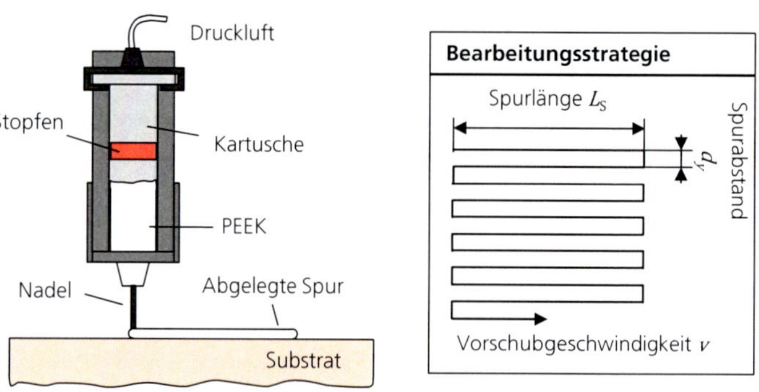

Alle in der vorliegenden Arbeit verwendeten Schichten mit den Abmaßen 30 mm × 30 mm werden mit den in Tabelle 3 dargestellten Parametern appliziert. Nach der Applikation werden alle Schichten bei 100 °C auf einer Heizplatte für 10 min getrocknet, um möglichst viel Lösungsmittel aus der Schicht zu verdampfen.

Tabelle 3: Verfahrensparameter für die Applikation dichter, partikulärer PEEK-Schichten

Nadeldurchmesser [mm]	**Rezept [mPas]**	**Abstand Nadel Substrat [µm]**	**Vorschub [mm/s]**	**Volumenstrom [mm³/s]**	**Spurabstand [mm]**
0,26	10^3	100	20	1	0,20

In Bild 17 sind die mittels Nadeldispenser hergestellten PEEK-Flächen auf einem unbehandelten und einem laservorbehandelten Substrat (siehe Kapitel 5) dargestellt.

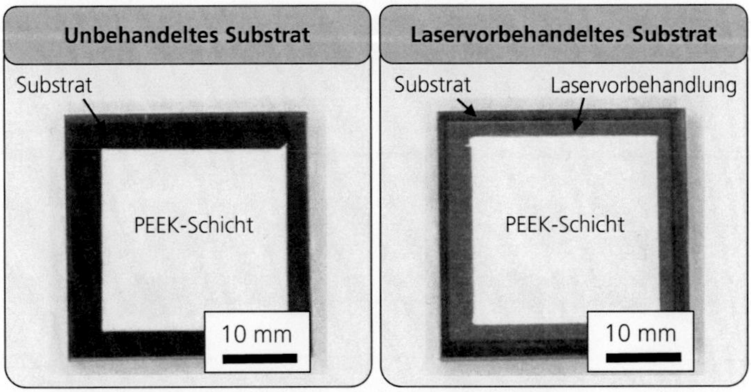

Bild 17: Applizierte und getrocknete PEEK-Schichten auf unbehandeltem (links) und laservorbehandeltem Substrat (rechts)

Die Reproduzierbarkeit der applizierten Schichtdicken wird auf dem unbehandelten und laservorbehandelten Substraten untersucht. Dabei werden fünf Schichten in der Größe 5 mm × 25 mm auf jeweils fünf Substraten (drei unbehandelte und zwei laservorbehandelte) hergestellt. Pro PEEK-Schicht werden drei Schichtdickenmessungen mittels Laser-Scanning-Mikroskop (LSM) „VK9700" von Keyence GmbH durchgeführt. In Bild 18 sind die Ergebnisse der Reproduzierbarkeitsuntersuchungen dargestellt.

Bild 18: Reproduzierbarkeitsuntersuchungen der mittels Dispensverfahren applizierten PEEK-Schichten

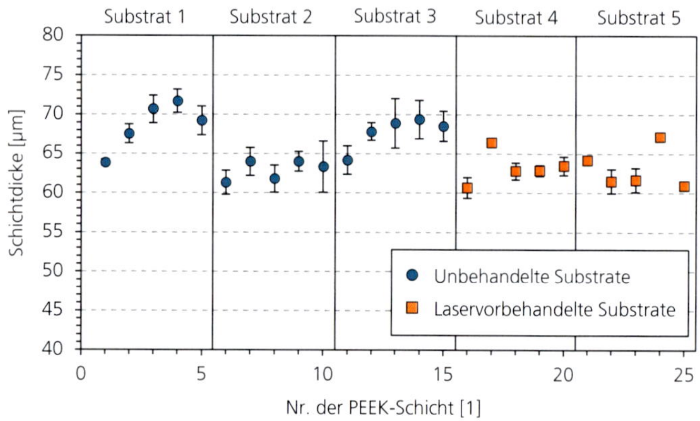

Für die unbehandelten Substrate werden Werte im Bereich 60 – 73 µm gemessen. Der gewichtete Mittelwert der PEEK-Schichtdicken auf den unbehandelten Substraten beträgt (65,0 ± 0,3) µm. Die Standardabweichung der Schichtdicke innerhalb einer PEEK-Schicht auf den unbehandelten Substraten beträgt im Mittel 1,5 µm. Die PEEK-Schichtdicken auf den laservorbehandelten Substraten liegen im Bereich 60 – 67 µm. Der gewichtete Mittelwert der PEEK-Schichtdicken auf den laservorbehandelten Substraten beträgt (63,8 ± 0,2) µm. Die Standardabweichung der Schichtdicke innerhalb einer PEEK-Schicht auf den laservorbehandelten Substraten beträgt im Mittel 0,7 µm.

Die PEEK-Schichtdickenunterschiede zwischen den einzelnen Proben deuten darauf hin, dass die Neupositionierung des Dispensers bei einer neuen Probe einen Einfluss auf die Reproduzierbarkeit hat. Dennoch sind auch innerhalb einer Probe Abweichungen in der Schichtdicke von teilweise 8 µm zu erkennen. Auf den unbehandelten Substraten wird durchschnittlich eine um 3 µm kleinere Schichtdicke der PEEK-Schichten als auf den laservorbehandelten Substraten gemessen. Diese Abweichung liegt zwar innerhalb der Standardabweichung, dennoch könnte auch die Rauigkeit der laservorbehandelten Proben (R_a = (5,89 ± 0,92) µm, siehe Kapitel 5) die Ursache sein, dass die gemessenen Schichtdicken voneinander abweichen. Generell weisen die mittels Dispensverfahren applizierten PEEK-Schichten auf den verschiedenen Substraten eine gewichtete Standardabweichung von < 0,3 µm auf, sodass eine ausreichende Genauigkeit für die Entwicklung des Laserverfahrens gegeben ist.

Zusammenfassend wird für den weiteren Verlauf der Arbeit das Lösungsmittel Ethylenglykol (EG) für die PEEK-Dispersionen verwendet. Mit den identifizierten Parametern für das Dispensverfahren werden PEEK-Schichten mit der Schichtdicke (65,0 ± 0,3) µm auf dem unbehandelten Substrat und mit der Schichtdicke (63,8 ± 0,2) µm auf dem laservorbehandelten Substrat hergestellt.

5 Einfluss der Substratoberfläche auf die Verbundfestigkeit

Das Ziel des Kapitel ist es, die minimal notwendige Oberflächentemperatur auf dem Substrat zu identifizieren, bei der eine Herstellung von haftfesten PEEK-Schichten auf dem Substrat möglich ist. Die Verbundfestigkeit zwischen PEEK-Schicht und Substrat ist maßgeblich von Oberflächentemperatur und -topografie des Substrates abhängig. Bei einer laserbasierten Aufheizung wird die Oberflächentemperatur des Substrates durch den Absorptionsgrad der Oberfläche beeinflusst. Zur Vergrößerung der Rauigkeit und des Absorptionsgrades der Substratoberfläche wird in diesem Kapitel auch eine laserbasierte Vorbehandlung des Substrates umgesetzt. Zur Überprüfung der zentralen Fragestellung wird in Kapitel 5.1 der Einfluss der Laservorbehandlung auf die Oberflächentopografie und in Kapitel 5.2 der Einfluss der Laservorbehandlung auf die optischen Eigenschaften des Substrates untersucht. In Kapitel 5.3 wird die Verbundfestigkeit zwischen lasergeschmolzenen PEEK-Schichten und laservorbehandelten Substraten in Abhängigkeit von den Oberflächenkennwerten und der Oberflächentemperatur des Substrates ermittelt. In Kapitel 5.4 wird die Substrathärte in Abhängigkeit der verwendeten Laserstrahlquelle und der Vorheiztemperatur betrachtet. Abschließend werden in Kapitel 5.5 geeignete Parameter für die laserbasierte Vorbehandlung des Substratmaterials ausgewählt und die minimal notwendige Oberflächentemperatur des Substrates für das laserbasierte Schmelzen von partikulären PEEK-Schichten bestimmt.[8]

5.1 Einfluss der Laservorbehandlung auf die Oberflächentopografie

Bei der Entwicklung der laserbasierten Vorbehandlung ist das Ziel, geeignete Substratoberflächen für die laserbasierten Zwei-Strahl-Ansätze zu identifizieren. Dafür werden verschiedene Substratoberflächen hergestellt, die anschließend bezüglich der optischen Eigenschaften der Oberfläche und der Verbundfestigkeit zwischen PEEK und Substrat untersucht werden. Hierzu werden experimentelle Untersuchungen mit zwei Laserstrahlquellen durchgeführt: der gepulste UV-Laser „TruMark 3330" von Trumpf Laser und Systemtechnik GmbH mit einer Wellenlänge $\lambda = 355$ nm und der gepulste IR-Laser „G4" von SPI Lasers mit einer Wellenlänge $\lambda = 1059 - 1065$ nm. Das Substrat im unbehandelten Zustand hat bei der Wellenlänge $\lambda = 355$ nm einen Absorptionsgrad von (67,0 ± 2,0) % und im Wellenlängenbereich $\lambda = 1059 - 1065$ nm einen Absorptionsgrad von (39,5 ± 2,0) % (siehe Bild 10).

Für die Bearbeitung des Substrates wird der Laserstrahl von einem Scanner-System mit einer mäanderförmigen Bearbeitungsstrategie über die Substratoberfläche bewegt (siehe Bild 19). Der mit der Laserstrahlung bearbeitete Bereich beträgt 30 mm × 30 mm.

---

8 Ein Teil der in diesem Kapitel vorgestellt experimentellen Untersuchung wurden im Rahmen der vom Verfasser dieser Dissertationsschrift betreuten Bachelorarbeit von *Brückner* [119] durchgeführt. Die Ergebnisse des Kapitels wurden teilweise als Beitrag in einem Fachjournal veröffentlicht [120].

Bild 19:
Schematische Darstellung der Laservorbehandlungsstrategie des Aluminiumsubstrates

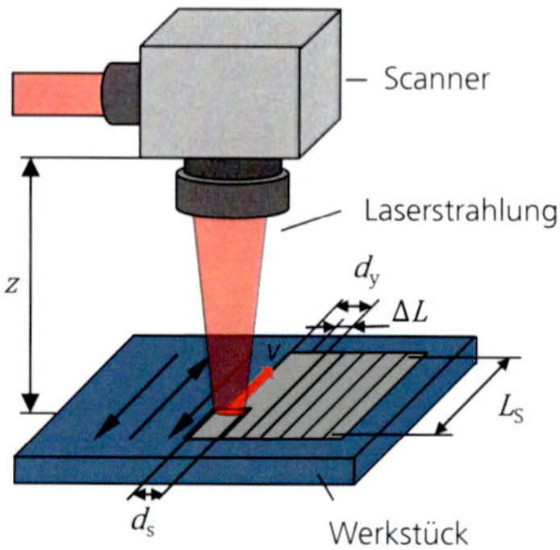

Bei einem Arbeitsabstand z wird ein Laserstrahldurchmesser d_s erreicht. Beim Abrastern der Substratoberfläche wird eine Spurlänge L_s, eine Vorschubgeschwindigkeit v und ein Spurabstand d_y verwendet. Dabei ergibt sich der Spurüberlapp ΔL.

In einer Voruntersuchung zur laserbasierten Vorbehandlung mittels IR-Laserstrahlung wurden Vorschubgeschwindigkeit und Pulsfrequenz der Laserstrahlung als Parameter identifiziert, die den größten Einfluss auf die Oberflächenrauigkeit des Aluminiumsubstrates haben. Für die UV-Laserstrahlung werden die Vorschubgeschwindigkeit und Pulsfrequenz im gleichen Maß variiert, sodass verschiedene mittlere Leistungen im Bereich zwischen 0,6 W und 33 W verwendet werden. Jeweils drei verschiedene Vorschubgeschwindigkeiten und Pulsfrequenzen werden pro Laser-System getestet, sodass insgesamt 18 verschiedene Vorbehandlungsergebnisse erzielt werden. Die verwendeten Laserverfahrensparameter sind in Tabelle 4 dargestellt.[9]

[9] Die gemittelten Leistung werden mittels des Leistungsmesskopfes „PM300F-50" von Coherent Inc. gemessen. Der Strahldurchmesser der IR-Laserstrahlung wird mit dem MicroSpotMonitor von Primes GmbH bestimmt. Die restlichen Parameter sind aus den Handbüchern der Hersteller entnommen. Die Pulslänge sind basierend auf der Methode „Full Width at Half Maximum (FWHM)" angegeben.

Tabelle 4: Verwendete Laserverfahrensparameter für die Laservorbehandlung des Aluminiumsubstrates

Index	Laserwellenlänge λ	Mittlere Leistung P_L	Strahlqualität M^2	Strahldurchmesser d_s	Arbeitsabstand z	Spurabstand d_y	Überlapp ΔL	Puls-Länge FWHM t_{Puls}	Vorschubgeschw. v_s	Pulsfrequenz f_{rep}
IR1	1059 – 1065 nm	≈ 12 W	< 1,6	48 µm	406 mm	30 µm	18 µm	72 ns	750 mm/s	30 kHz
IR2									1000 mm/s	
IR3									1250 mm/s	
IR4		≈ 22 W							750 mm/s	50 kHz
IR5									1000 mm/s	
IR6									1250 mm/s	
IR7		≈ 33 W							750 mm/s	70 kHz
IR8									1000 mm/s	
IR9									1250 mm/s	
UV1	355 nm	≈ 2,3 W	< 1,5	25 µm	248 mm	20 µm	5 µm	8 ns	750 mm/s	30 kHz
UV2									1000 mm/s	
UV3									1250 mm/s	
UV4		≈ 1,2 W							750 mm/s	50 kHz
UV5									1000 mm/s	
UV6									1250 mm/s	
UV7		≈ 0,6 W							750 mm/s	70 kHz
UV8									1000 mm/s	
UV9									1250 mm/s	

Zur Untersuchung der Oberflächentopografien wird der Mittenrauwert R_a als Kennwerte für die Charakterisierung der Oberfläche gewählt. Dieser wird mit dem Tastschnittgerät „MarSurf M300C" von Mahr GmbH nach den Normen ISO 13565 [121] und ISO 4288 [122] ermittelt. Pro Satz an Vorbehandlungsparametern werden mindestens drei Proben hergestellt. In Bild 20 ist der Mittenrauwert R_a der laservorbehandelten Oberflächen in Abhängigkeit von Pulsfrequenz und Vorschubgeschwindigkeit für beide Laserstrahlquellen dargestellt.

Bild 20: Mittenrauwert R_a der laservorbehandelten Oberflächen in Abhängigkeit von Pulsfrequenz und Vorschubgeschwindigkeit

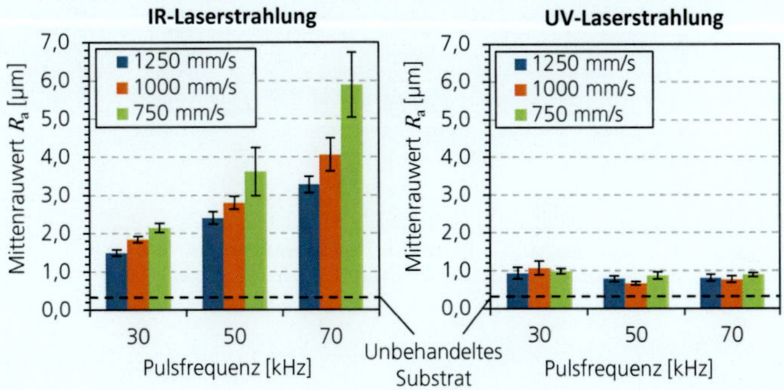

Durch die laserbasierte Vorbehandlung kann eine Oberflächenrauigkeit im Bereich von $R_a = (0{,}66 \pm 0{,}05)$ µm bis $R_a = (5{,}89 \pm 0{,}92)$ µm erreicht werden. Bei der Bearbeitung mit gepulster IR-Laserstrahlung ist eine Abhängigkeit zwischen Pulsfrequenz, Vorschubgeschwindigkeit und Mittenrauwert R_a zu erkennen. Wenn die Pulsfrequenz von 30 kHz auf 70 kHz bei einer Vorschubgeschwindigkeit von 1250 mm/s erhöht wird, steigt der Mittenrauwert von $R_a = (1{,}49 \pm 0{,}1)$ µm auf $R_a = (3{,}27 \pm 0{,}21)$ µm. Ein ähnliches Verhalten ist zu beobachten, wenn die Vorschubgeschwindigkeit von 1250 mm/s auf 750 mm/s bei einer Pulsfrequenz von 70 kHz gesenkt wird: Der Mittenrauwert steigt von $R_a = (3{,}27 \pm 0{,}21)$ µm auf $(5{,}89 \pm 0{,}92)$ µm an. Bei der Laservorbehandlung mittels UV-Laserstrahlung ($\lambda = 355$ nm) ist keine eindeutige Abhängigkeit des Mittenrauwertes von Pulsfrequenz und Vorschubgeschwindigkeit zu erkennen: Die gemessenen Rauigkeiten liegen im Bereich zwischen $R_a = (0{,}66 \pm 0{,}05)$ µm und $R_a = (1{,}07 \pm 0{,}18)$ µm. Querschnitte der bearbeiten Substratoberflächen sind für die IR-Laserstrahlung in Bild 21 und für die UV-Laserstrahlung in Bild 22 dargestellt.

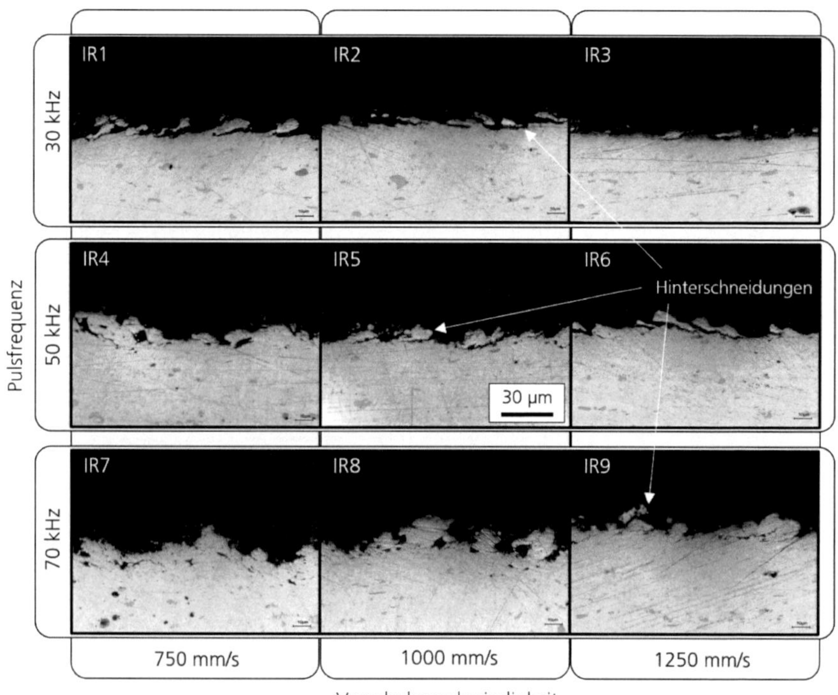

Bild 21: Mikroskopische Aufnahmen der Querschnitte der mit IR-Laserstrahlung (λ = 1059 – 1065 nm) vorbehandelten Oberflächen

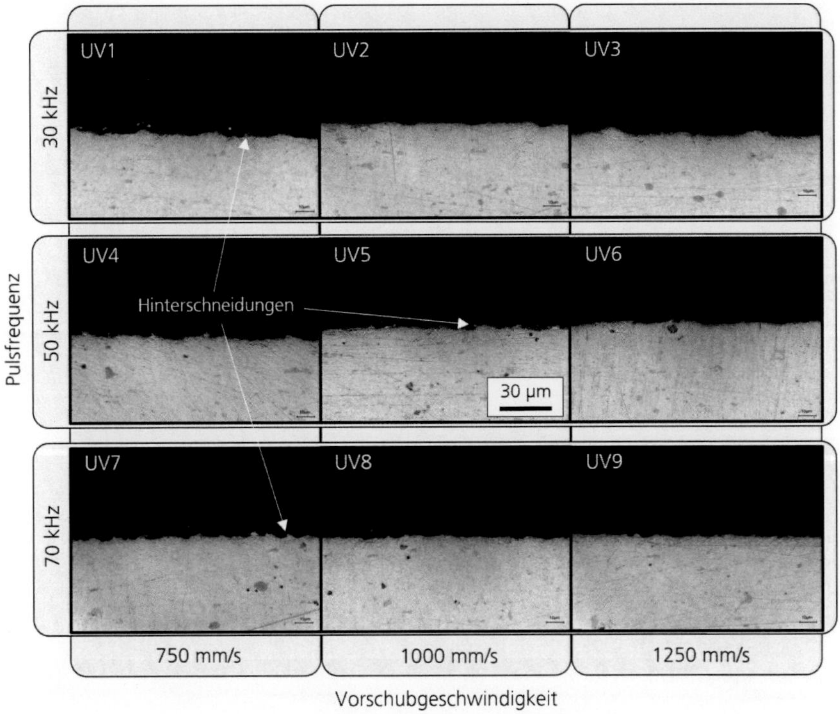

Bild 22: Mikroskopische Aufnahmen der Querschnitte der mit UV-Laserstrahlung ($\lambda = 355$ nm) vorbehandelten Oberflächen

Die mit UV-Laserstrahlung vorbehandelten Proben weisen kleine periodische Wellen auf der Oberfläche auf. Kleine Hinterschneidungen sind sichtbar. Im Gegensatz dazu weisen die mit dem IR-Laserstrahlung vorbehandelten Proben eine größere und unregelmäßigere Oberflächenrauigkeit und viele größere Hinterschneidungen auf. Die Strukturen auf den Substratoberflächen resultieren aus dem Aufschmelzen und dem Verdampfen des Materials aufgrund des großen, lokalen Energieeintrags durch die Laserbestrahlung. Der Unterschied in den Mittenrauwerten zwischen IR-Laserbearbeitung und UV-Laserbearbeitung ist mit den unterschiedlichen mittleren Laserleistungen der Laserstrahlquellen zu erklären. Zwar ist der Absorptionsgrad bei $\lambda = 355$ nm mit (67,0 ± 2,0) % größer als bei $\lambda = 1059 - 1065$ nm mit (39,5 ± 2,0) %, dennoch ist der Unterschied in den mittleren Laserleitungen von 12 W – 33 W (IR-Laserstrahlung) zu 0,6 W – 2,3 W (UV-Laserstrahlung) größer, sodass der größere Energieeintrag zu mehr Abtrag und einem größeren Mittenrauwert R_a führt. Für den Einfluss der Vorschubgeschwindigkeit und der Pulsfrequenz auf den Mittenrauwert R_a bei der IR-Laserbearbeitung ist vermutlich auch die Änderung des Energieeintrags pro Fläche verantwortlich. Denn hierbei nimmt der Mittenrauwert mit einer Verringerung der

Vorschubgeschwindigkeit und mit Vergrößerung der Pulsfrequenz zu. Bei der UV-Laserstrahlung ist dieses Verhalten nicht zu erkennen, da die Unterschiede in der mittleren Leistung zu klein sind, um einen eindeutigen Unterschied in den Mittenrauwerten R_a zu erzeugen.

5.2 Einfluss der Laservorbehandlung auf die optischen Eigenschaften

Der Absorptionsgrad der Substratoberfläche beeinflusst die erzielte Temperatur bei der laserbasierten Aufheizung des Substrates. Deshalb werden die optischen Eigenschaften der laservorbehandelten Substratoberflächen untersucht. Hierzu wird der Absorptionsgrad der behandelten Substrate bei der für die laserbasierte Aufheizung relevanten Wellenlänge von 980 nm bestimmt: Der Reflexionsgrad R wird mit dem UV/Vis/NIR-Spektrometer „Lambda 1050" von PerkinElmer Inc. gemessen. Der Absorptionsgrad A wird über den Zusammenhang $A = 1 - R$ bestimmt. In Bild 23 ist der Absorptionsgrad der laservorbehandelten Substratoberflächen bei $\lambda = 980$ nm in Abhängigkeit vom jeweiligen Mittenrauwert R_a dargestellt. Die unbehandelten und geschliffenen Proben sind als Vergleichswerte angegeben. Der Fehler auf den Reflexionsgrad R ergibt sich aus statistischem Fehler (drei Messungen) und systematischem Fehler (Herstellerangabe, 2 %-Punkte). Der Fehler auf den Absorptionsgrad A berechnet sich durch Fehlerfortpflanzung und der Fehler auf den Mittenrauwert R_a durch die Standardabweichung von sechs Einzelmessungen.

Bild 23: Absorptionsgrad der laservorbehandelten Substratoberflächen bei $\lambda = 980$ nm in Abhängigkeit vom Mittenrauwert R_a

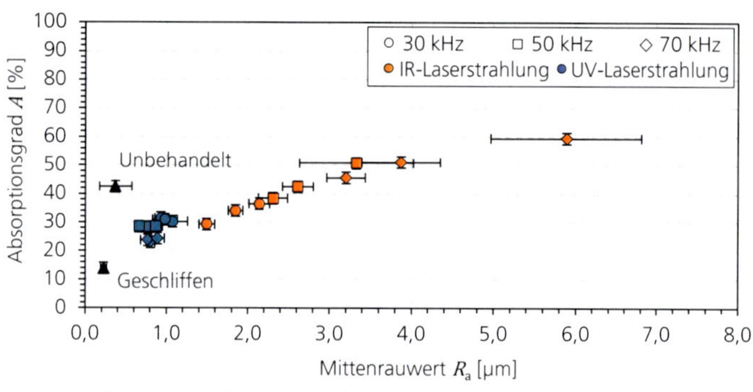

Das unbehandelte Aluminiumsubstrat hat einen Mittenrauwert von $R_a = (0{,}37 \pm 0{,}2)$ µm und einen Absorptionsgrad von $(42{,}5 \pm 2{,}0)$ %. Der Absorptionsgrad der geschliffenen Probe beträgt $(13{,}8 \pm 2{,}0)$ % bei einem Mittenrauwert von $R_a = (0{,}23 \pm 0{,}04)$ µm. Bei den laserbehandelten Substraten beträgt der kleinste Absorptionsgrad $(23{,}1 \pm 2{,}0)$ % bei einem Mittenrauwert von $R_a = (0{,}81 \pm 0{,}05)$ µm. Mit zunehmendem Mittenrauwert steigt der Absorptionsgrad bis zu einem Wert von $(59{,}5 \pm 2{,}0)$ % bei einem Mittenrauwert von $R_a = (5{,}89 \pm 0{,}92)$ µm. Bei den mittels UV-Laserstrahlung bearbeiteten Proben gibt es trotz ähnlicher Mittenrauwerte Unterschiede im Absorptionsgrad von bis zu 10 %. Die Zunahme des Absorptionsgrades bei zunehmendem Mittenrauwert lässt sich dadurch erklären, dass bei einer strahlenoptischen Beschreibung des Lichts die Wahrscheinlichkeit von Mehrfachreflexionen an der Oberfläche mit zunehmendem Mittenrauwert steigt. Das bedeutet, dass ein Lichtstrahl, nachdem er an der Oberfläche reflektiert wird, aufgrund der Rauigkeit an einer zweiten Stelle wieder auf die Oberfläche trifft. Trifft also ein Lichtstrahl nicht nur einmal, sondern mehrfach auf die Oberfläche, wird ein Teil der einfallenden Strahlung auch mehrfach an der Oberfläche absorbiert und der gemessene Absorptionsgrad der gesamten Oberfläche steigt. Dieser Effekt wird z. B. von *Bergström* [123] beschrieben.

Um zu prüfen, ob neben der Rauigkeit noch andere Faktoren die optischen Eigenschaften der Oberfläche beeinflussen, wird die chemische Zusammensetzung des Bereichs nahe der Substratoberfläche mittels energiedispersiver Röntgenspektroskopie (EDX) mit dem Rasterelektronenmikroskop (REM) „Leo 1455 EP" von Carl Zeiss AG bestimmt. Dabei wird eine kleine Beschleunigungsspannung der Elektronen von 7,5 kV verwendet, um nur in einem oberflächennahen Bereich zu messen (mittels Monte-Carlo-Simulation bestimmte Eindringtiefe der Elektronen: ca. 40 nm). Zwischen den verschiedenen laservorbehandelten Oberflächen wird nur bei dem Element Sauerstoff (Oxidanteil) ein eindeutiger Unterschied zwischen den Proben detektiert. Deshalb wird für die Untersuchung des Einflusses der chemischen Zusammensetzung der Substratoberfläche auf die optischen Eigenschaften nur der Oxidanteil der Oberflächen betrachtet. In Bild 24 ist der Absorptionsgrad der laservorbehandelten Substratoberflächen bei $\lambda = 980$ nm in Abhängigkeit des Oxidanteils dargestellt. Der Fehler auf den Oxidanteil ist die Standardabweichung von drei Einzelmessungen.

Bild 24: Absorptionsgrad der laservorbehandelten Substratoberflächen bei $\lambda = 980$ nm in Abhängigkeit des Oxidanteils

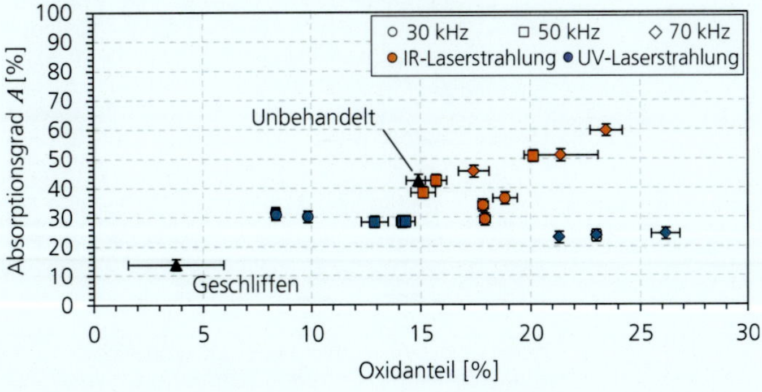

Die unbehandelte Aluminiumprobe hat einen Oxidanteil von (14,91 ± 0,56) % bei einem Absorptionsgrad von (42,5 ± 2,0) %, während die geschliffene Probe einen Oxidanteil von (3,76 ± 2,18) % bei einem Absorptionsgrad von (13,81 ± 2,0) % aufweist. Bei der laserbasierten Vorbehandlung weicht der Oxidanteil im Vergleich zur unbehandelten Probe ab: Bei den mit UV-Laserstrahlung behandelten Proben nimmt der Absorptionsgrad mit steigender Pulsfrequenz und steigendem Oxidgehalt ab. Bei 30 kHz beträgt der Absorptionsgrad zwischen (30,2 ± 2,0) % und (31,5 ± 2,0) %, bei 50 kHz zwischen (28,4 ± 2,0) % und (28,5 ± 2,0) % und bei 70 kHz zwischen (23,0 ± 2,0) % und (24,3 ± 2,0) %. Diese unterschiedlichen Oxidanteile in den Oberflächen sind eine mögliche Erklärung für die bei ähnlichen Mittenrauwerten unterschiedlichen Absorptionsgrade. Bei den mit IR-Laserstrahlung bearbeiteten Proben variieren die Werte von (29,3 ± 2,0) % bis (59,5 ± 2,0) %, wobei keine eindeutige Abhängigkeit zwischen dem Oxidanteil und bestimmten Laserparametern besteht. Daher kann für die mit IR-Laserstrahlung vorbehandelten Proben kein eindeutiger Zusammenhang zwischen dem Oxidanteil und der Oberflächenabsorption festgestellt werden. Möglicherweise beeinflusst der Oxidanteil den Absorptionsgrad der Oberfläche, aber dieser Einfluss ist viel kleiner als der durch die Oberflächenrauigkeit verursachte Einfluss. Erst bei ähnlichen Mittenrauwerten ist der Einfluss des Oxidanteils erkennbar.

Auch der Vergleich der unbehandelten Probe mit der geschliffenen Probe zeigt, dass trotz ähnlichen Mittenrauwertes der Absorptionsgrad und der Oxidanteil der unbehandelten Probe größer sind als die der geschliffenen Probe. Das weist auf eine Korrelation zwischen Absorptionsgrad und Oxidanteil hin, der jedoch in diesem Fall wesentlich größer ist als bei den laservorbehandelten Proben. Bei den unbehandelten Proben ist im Vergleich zu allen anderen Proben sonst nur ein erhöhter Magnesiumanteil von (6,77 ± 1,12) % mittels EDX nachweisbar. Bei allen anderen Proben wird kein Magnesiumanteil gemessen, da der Mg-Gehalt wahrscheinlich unterhalb der Nachweisgrenze des verwendeten EDX liegt (etwa 0,7 %). Ob der erhöhte Magnesiumanteil jedoch für den größeren Absorptionsgrad verantwortlich ist, kann nicht eindeutig nachgewiesen werden.

Zusammenfassend ist festzustellen, dass eine Vergrößerung des Mittenrauwertes R_a zu einer Vergrößerung des Absorptionsgrades der laservorbehandelten Oberflächen führt. Dieses Verhalten ist durch eine Vergrößerung der Mehrfachreflektionen durch das Aufrauen der Oberfläche zu erklären. Ein eindeutiger Zusammenhang zwischen dem Oxidanteil und dem Absorptionsgrad der laservorbehandelten Oberflächen wird nicht festgestellt. Zwar ist bei den mit UV-Laserstrahlung vorbehandelten Proben eine Abnahme des Absorptionsgrades mit zunehmendem Oxidgehalt zu beobachten, der auch die Veränderung der optischen Eigenschaften trotz ähnlichem Mittenrauwertes erklärt. Bei den mit IR-Laserstrahlung bearbeiteten Proben ist dieser Zusammenhang jedoch nicht zu erkennen. Das deutet darauf hin, dass der Absorptionsgrad der Oberfläche zwar von dem Oxidanteil beeinflusst wird, dieser Effekt aber wesentlich kleiner ist als die Änderung des Absorptionsgrades aufgrund der Änderung des Mittenrauwertes R_a.

Für die laserbasierte Aufheizung ist ein großer Absorptionsgrad der Substratoberfläche vorteilhaft, da größere Oberflächentemperaturen auf dem Substrat erreicht werden können. Diese Eigenschaft weisen die laservorbehandelten Proben mit großen Mittenrauwerten R_a auf. Die hergestellte Probe mit dem größten Absorptionsgrad (59,5 ± 2,0) % wird mittels IR-Laserstrahlung mit einer Pulsfrequenz von 70 kHz und einer Vorschubgeschwindigkeit von 750 mm/s hergestellt (siehe IR7 in Tabelle 4).

5.3 Einfluss der Laservorbehandlung auf die Verbundfestigkeit zwischen Substrat und PEEK-Schicht

Das Ziel dieses Kapitels ist es, die Verbundfestigkeit zwischen der lasergeschmolzenen PEEK-Schicht und den verschiedenen laservorbehandelten Substratoberflächen in Abhängigkeit von Oberflächenkennwerten sowie von der Oberflächentemperatur des Substrates zu untersuchen. Neben dem Mittenrauwert R_a wird auch die Schiefe R_{sk} als Oberflächenkennwert betrachtet. Dieser Wert weist nach *Patel et al.* [43] und *Sändker* [11] einen größeren Einfluss auf die Verbundfestigkeit zwischen PEEK und Metalloberflächen auf als der Mittenrauwert R_a (siehe Kapitel 2.3.2). Für die Untersuchung wird im ersten Schritt eine partikuläre PEEK-Schicht mit den Abmaßen 30 mm × 30 mm mittels des Dispensers mit dem in Kapitel 4.3 beschriebenen Vorgehen auf die verschiedenen laservorbehandelten Substrate aufgebracht. Als Vergleichswert wird das Substrat im ungeschliffenen Zustand betrachtet. Nach der Applikation werden die partikulären PEEK-Schichten mit der Strahlung des CO_2-Lasers „Firestar V30" von Synrad ($\lambda = 10600$ nm) geschmolzen. Bei der Bearbeitung wird die maximale Ausgangsleistung von 32 W (Laserleistungsmessung in Anhang 11.6, Bild 71) verwendet. Der Laserstrahldurchmesser beträgt 1,49 mm und hat eine gaußförmige Intensitätsverteilung. Als Bearbeitungsstrategie wird eine Quasi-Linien-Bearbeitung (Scanstrategie mit großer Vorschubgeschwindigkeit und sehr kleinem Spurabstand) entsprechend Bild 25 verwendet. Der Laserstrahl wird mit der Scangeschwindigkeit $v_s = 2000$ mm/s mäanderförmig bewegt. Der Spurabstand beträgt 50 µm. Während des Laserschmelzens wird das Substrat mit einer Heizplatte vorgeheizt und die Temperatur auf der Substratoberfläche mit dem Kontaktthermometer „51II" von Fluke GmbH gemessen. Getestet werden Oberflächentemperaturen im Bereich von 200 °C bis 340 °C. Der Fehler auf die Messung wird aufgrund der Abweichung der Messwerte bei Repositionierung des Thermometers mit 5 °C abgeschätzt.

Bild 25:
Schematische Darstellung der Strategie für das Laserschmelzen der partikulären PEEK-Schicht

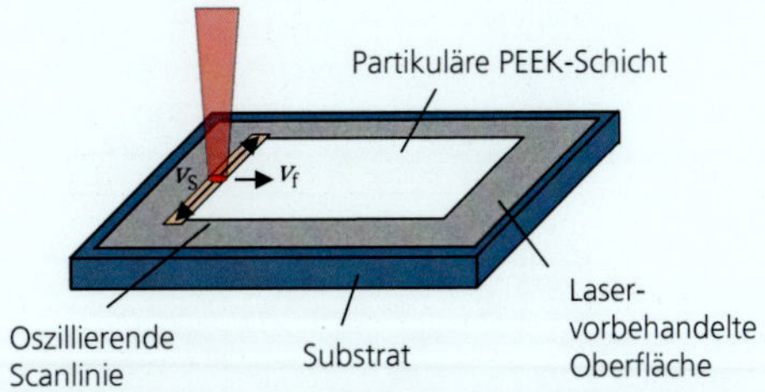

Die Wellenlänge $\lambda = 10600$ nm wird aufgrund des großen Absorptionsgrades der partikulären PEEK-Schicht von ca. 90 % ausgewählt. Das führt dazu, dass nur ein kleiner Anteil (< 3 %) der Laserstrahlung durch die Schicht transmittiert wird und die vorherrschende Oberflächentemperatur während der Erstarrung nur gering beeinflusst wird (siehe Bild 5). Nach dem Laserschmelzen wird die Verbundfestigkeit zwischen der geschmolzenen PEEK-Schicht und dem laservorbehandelten Substrat gemessen: Im ersten Schritt wird die PEEK-Oberfläche mit dem Plasma-Gerät „PL-BEAM" von Diener electronic GmbH vorbehandelt und der Stempel Ø20 mm (notwendig für die Verbundfestigkeitsuntersuchung) durch gepulste Laserstrahlung aufgeraut, um eine ausreichende Verbundfestigkeit zwischen Stempel und Kleber sicherzustellen. Danach wird der Stempel mit dem 2-Komponenten-Epoxidharzkleber „Araldite Ultra Standard" auf die PEEK-Oberfläche geklebt und für 24 Stunden getrocknet. Die PEEK-Schicht wird um den Stempel herum durchtrennt (siehe Bild 26). Die Verbundfestigkeit zwischen der PEEK-Schicht und dem Substrat wird mit dem automatischen Verbundfestigkeitsmessgerät „Elcometer 510 Model T" von Elcometer Instruments GmbH nach den Normen ISO 4624 [124] und ASTM D4541 [125] gemessen. Die verwendete Zuggeschwindigkeit beträgt 0,2 MPa/s.

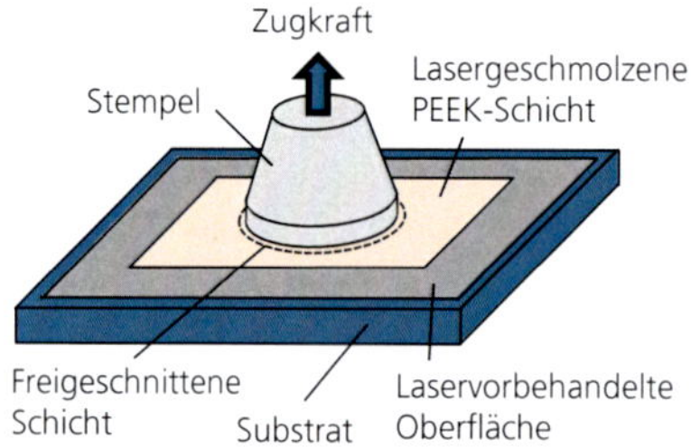

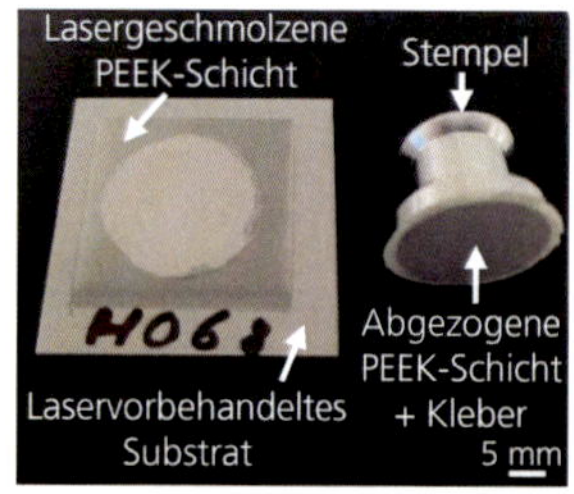

Bild 26: Schematische Darstellung der Probenvorbereitung für die Untersuchung der Verbundfestigkeit zwischen PEEK und Substrat (links) und Foto des Probenmaterials nach dem Zugversuch (rechts)

Als erstes wird die Verbundfestigkeit zwischen lasergeschmolzenem PEEK und den laservorbehandelten Substraten in Abhängigkeit von der Oberflächentopografie des Substrates untersucht. Für beide Vorbehandlungslaser werden die neun verschiedenen Laserparameter verwendet und mit einer unbehandelten Aluminiumprobe verglichen. In Bild 27 sind die Ergebnisse der Verbundfestigkeit zwischen geschmolzenem PEEK und den laservorbehandelten Substraten in Abhängigkeit des Mittenrauwertes R_a bei einer Oberflächentemperatur des Substrates von (248 ± 5) °C dargestellt. Der Fehler auf die Verbundfestigkeit ist die Standardabweichung von drei Einzelmessungen und der Fehler auf den Mittenrauwert R_a ist die Standardabweichung von sechs Einzelmessungen.[10]

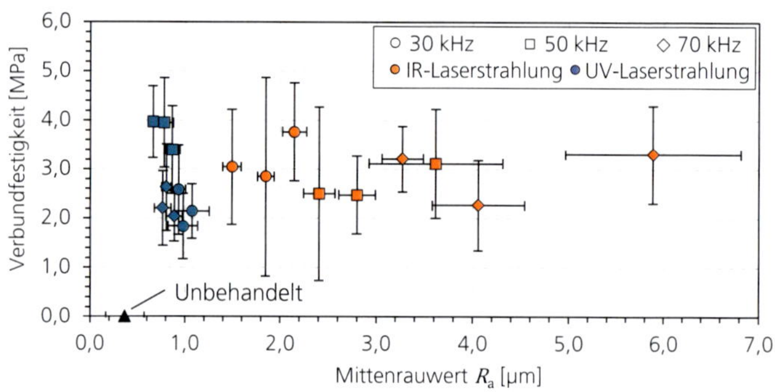

Bild 27: Verbundfestigkeit zwischen geschmolzener PEEK-Schicht und laservorbehandeltem Substrat in Abhängigkeit vom Mittenrauwert R_a bei einer Oberflächentemperatur des Substrates von (248 ± 5) °C

10 Die Vorheiztemperatur (248 ± 5) °C wurde in einem Vorversuch ausgewählt. Bei dieser Temperatur ist die Verbundfestigkeit bei laservorbehandelten Proben ausreichend groß, um die Proben ohne Delamination der Schichten zu präparieren, und klein genug, sodass kein Versagen der Klebeverbindungen während der Verbundfestigkeitsuntersuchung eintritt.

Für das unbehandelte Substrat ist keine Verbundfestigkeit messbar, da sich die Beschichtung nach dem Laserschmelzen bereits ablöst, bevor die Verbundfestigkeitsuntersuchung durchgeführt wird. Für die laservorbehandelten Proben werden Verbundfestigkeitswerte zwischen (1,8 ± 0,7) MPa und (4,0 ± 0,9) MPa ermittelt. Es ist kein eindeutiger Zusammenhang zwischen dem Mittenrauwert R_a und der Verbundfestigkeit der Beschichtung festzustellen. Ebenso ist nicht zu identifizieren, ob ein bestimmter Laserparametersatz zu einer größeren Verbundfestigkeit führt als ein anderer. Nach den Erkenntnissen von *Patel et. al.* [43] und *Sändker* [11] weist die Festigkeit des PEEK-Metall-Verbundes eine größere Abhängigkeit der Schiefe R_{sk} des Substrates auf als vom Mittenrauwert R_a. Insbesondere eine positive Schiefe wird als vorteilhaft beschrieben (siehe Kapitel 2.3.2).

In Bild 28 sind die Ergebnisse der Verbundfestigkeit in Abhängigkeit von der Schiefe R_{sk} bei einer Oberflächentemperatur des Substrates von (248 ± 5) °C dargestellt. Die Schiefe R_{sk} wird mit dem Tastschnittgerät „MarSurf M300C" von Mahr GmbH ermittelt. Der Fehler auf die Schiefe R_{sk} ist die Standardabweichung von sechs Einzelmessungen.

Bild 28: Verbundfestigkeit zwischen geschmolzener PEEK-Schicht und laservorbehandeltem Substrat in Abhängigkeit von der Schiefe R_{sk} bei einer Oberflächentemperatur des Substrates von (248 ± 5) °C

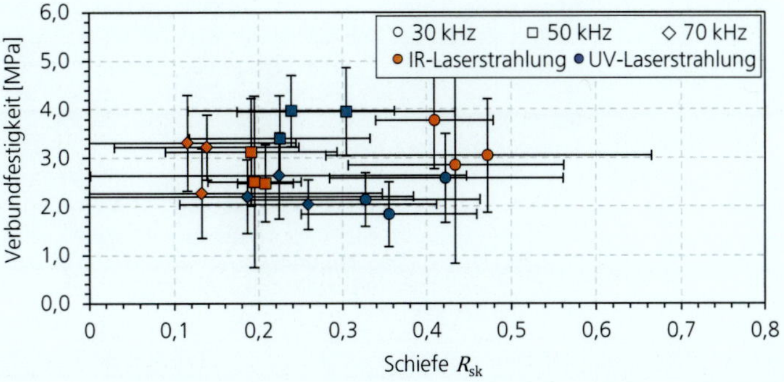

Bei allen laserbehandelten Proben hat die Schiefe R_{sk} einen positiven Wert. Die unbehandelte Probe weist zum Vergleich eine negative Schiefe R_{sk} von – 0,62 ± 0,41 auf. Auch hier ist keine eindeutige Korrelation zwischen der Schiefe R_{sk} und der Verbundfestigkeit erkennbar. Alle laserbehandelten Proben weisen jedoch eine positive Schiefe R_{sk} und eine Verbundfestigkeit von > 1 MPa auf. Dies ist bei den unbehandelten Proben nicht der Fall, die eine negative Schiefe R_{sk} aufweisen. Danach kann zwar die Korrelation zwischen einer zunehmenden Verbundfestigkeit bei einer zunehmenden Schiefe R_{sk} , die von *Patel et al.* [43] und *Sändker* [11] beschrieben wird, nicht bestätigt werden, jedoch legen die Ergebnisse nahe, dass auch hier eine positive Schiefe R_{sk} vorteilhaft für die Verbundfestigkeit des PEEK-Metall-Verbundes ist.

Bei allen Verbundfestigkeitsuntersuchungen von Proben mit einer Vorheiztemperatur von (248 ± 5) °C löst sich die PEEK-Schicht vollständig von der Substratoberfläche ab (adhäsives Versagen). Das ist beispielhaft in Bild 26 dargestellt.

Eine mögliche Erklärung für die erhöhte Verbundfestigkeit bei der laservorbehandelten Proben ist, dass ab einem bestimmten Wert für den Mittenrauwert R_a oder Schiefe R_{sk} die Oberfläche ausreichend große Hinterschneidungen aufweist, an denen eine mechanische Verzahnung der PEEK-Schicht mit der Substratoberfläche stattfinden kann. Bei unbehandelten Substraten ist die Oberflächenrauigkeit nur sehr klein, so dass eine mechanische Verzahnung nicht stattfindet, und die einzigen Haftkräfte intermolekulare Kräfte sind, wie sie in der Adsorptionstheorie beschrieben werden (siehe Kapitel 2.3.1) [98–100; 105]. Diese reichen bei der verwendeten Vorheiztemperatur aber nicht aus, um eine ausreichende Verbundfestigkeit herzustellen. Die PEEK-Schicht löst sich nach dem Laserschmelzen ab. Ab einem bestimmten Mittenrauwert sind Hinterschneidungen vorhanden, hinter die das PEEK fließen kann, sofern die Schmelze genügend Zeit hat. Das bedeutet, dass der Mittenrauwert R_a oder die Schiefe R_{sk} keinen direkten Einfluss auf die Verbundfestigkeit zwischen PEEK und der Oberfläche haben, sondern die Verbundfestigkeit wird maßgeblich durch die Fähigkeit der Oberfläche sich mechanisch mit dem PEEK zu verklammern beeinflusst. Demnach können kleine Hinterschneidungen zu ähnlich großen Verbundfestigkeiten führen wie große Hinterschneidungen.

Im nächsten Schritt wird die Verbundfestigkeit des PEEK-Metall-Verbundes in Abhängigkeit von der Oberflächentemperatur des Substrates während des Laserschmelzens untersucht. Die Substratoberflächentemperatur wird durch Vorheizen des beschichteten Substrates auf einer Heizplatte vor und während des Laserschmelzens der PEEK-Schicht eingestellt. Es werden unbehandelte und laservorbehandelte (nur der ausgewählte Parametersatz IR7 aus Tabelle 4) Substrate verglichen. Ausgewertet werden Proben mit einer Verbundfestigkeiten von mindestens 1 MPa; Verbundfestigkeiten über 13 MPa können nicht zuverlässig gemessen werden, da entweder die Verbundfestigkeit zwischen der PEEK-Schicht und dem Klebstoff versagt oder die Zerstörungsgrenze des Klebstoffs selbst überschritten wird. Bei Verbundfestigkeiten über 10 MPa kommt es vereinzelt zum Versagen der Klebeverbindung.

In Bild 29 sind die Ergebnisse der Verbundfestigkeitstests für unbehandelte und laservorbehandelte Substrate in Abhängigkeit von der Oberflächentemperatur des Substrates dargestellt.

Bild 29: Verbundfestigkeit zwischen lasergeschmolzenem PEEK und unbehandelten/laservorbehandelten (IR7) Substraten in Abhängigkeit von der Oberflächentemperatur des Substrates

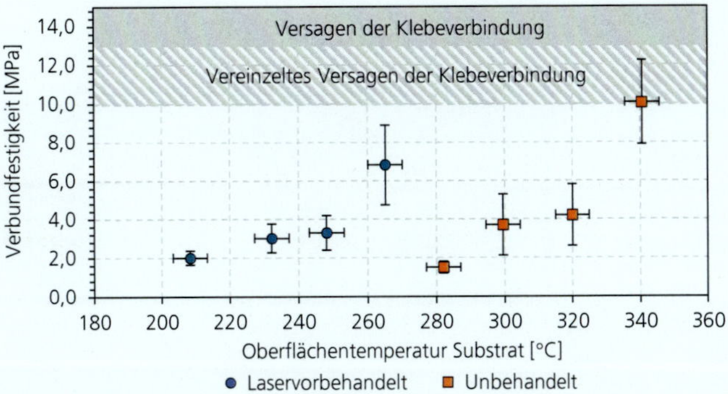

Bei den unbehandelten Substraten steigt die Verbundfestigkeit mit zunehmender Oberflächentemperatur stetig an. Verbundfestigkeiten von > 5 MPa werden nur bei Oberflächentemperaturen > (320 ± 5) °C gemessen. Die größte Verbundfestigkeit von (10,0 ± 2,2) MPa wird bei einer vorgeheizten Substratoberflächentemperatur von (340 ± 5) °C gemessen, knapp unter dem Schmelzpunkt von PEEK (ca. 340 °C). Bei den laservorbehandelten Substraten nimmt die Verbundfestigkeit zwischen PEEK-Schicht und Substrat mit steigender Oberflächentemperatur ebenfalls zu. Verbundfestigkeiten von > 5 MPa werden hier schon ab einer Temperatur von (265 ± 5) °C mit (6,8 ± 2,1) MPa gemessen. Bei den unbehandelten Proben kommt es bis zu einer Temperatur von (320 ± 5) °C und bei den laserbehandelten Proben bis zu einer Temperatur von (248 ± 5) °C während den Verbundfestigkeitsuntersuchungen zu einer vollständigen Ablösung der PEEK-Schicht vom Substrat (adhäsives Versagen). Bei der Temperatur von (340 ± 5) °C für die unbehandelten Proben und bei (265 ± 5) °C für die laservorbehandelten Proben kommt es in Einzelfällen nur zu einem teilweisen Abreißen der Schicht vom Substrat (adhäsives Versagen). Bei größeren Vorheiztemperaturen während der Laserbehandlung ist die Messung der Verbundfestigkeit nicht möglich, da eine Ablösung zwischen dem Prüfkörper und der PEEK-Schicht (adhäsives Versagen) oder ein Bruch des Klebstoffs (kohäsives Versagen) selbst vorliegt. Dieses adhäsive und kohäsive Versagen wird auch bei Proben beobachtet, die mit der herkömmlichen Ofenmethode hergestellt werden.

Da die Verbundfestigkeit zwischen PEEK und den unbehandelten Substraten bis kurz vor Erreichen der Schmelztemperatur von PEEK an der Substratoberfläche durch die Aufheizung stetig ansteigt, ist davon auszugehen, dass auch die Verbundfestigkeit zwischen PEEK und laservorbehandelten Substraten oberhalb der Temperatur von (265 ± 5) °C ansteigt, diese jedoch quantitativ nicht bestimmt werden kann.

Das Verhalten der Verbundfestigkeit des PEEK-Metall-Verbundes bei verschiedenen Oberflächentemperaturen lässt sich mit der Adsorptionstheorie [98–100; 105], der Weak-Boundary-Layer Theorie [99; 105; 106] und der mechanischen Theorie [98; 99] erklären (siehe Kapitel 2.3.1): Im Querschnitt der lasergeschmolzenen PEEK-Schicht auf einem unbehandelten Substrat ist zu erkennen, dass aufgrund der kleinen Oberflächenrauigkeit des Substrates keine mechanische Verklammerung zwischen PEEK und Substrat zu erkennen ist (siehe Bild 30).

Bild 30: Querschliff einer lasergeschmolzenen PEEK-Schicht auf einem unbehandelten Substrat bei einer Oberflächentemperatur des Substrates von 340 °C

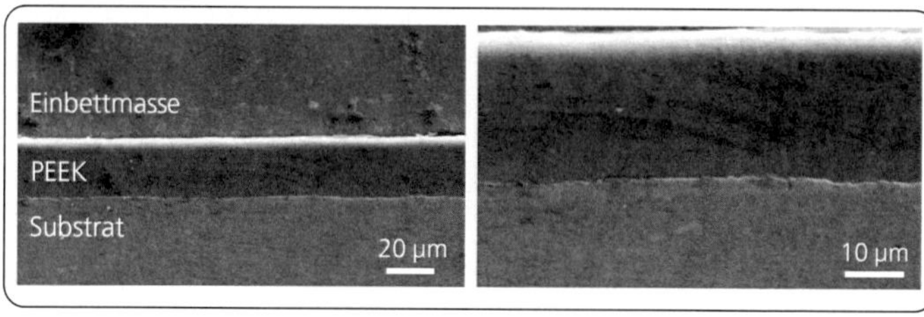

In diesem Fall können nur intermolekulare Kräfte, wie in der Adsorptionstheorie beschrieben, die Verbundfestigkeit verursachen. Die Zunahme der Verbundfestigkeit bei größeren Vorheiztemperaturen könnte auf die größere Benetzung der PEEK-Schmelze auf dem Substrat zurückzuführen sein, wie sie z. B. von *Sändker* [11] oder *Vedder et al.* [126] festgestellt wurde. Durch eine größere Benetzung werden die schwachen Grenzflächen, wie sie in der Weak-Boundary-Layer Theorie beschrieben werden, wie z. B. Lufteinschlüsse, reduziert. Infolgedessen wird die Kontaktfläche für die intermolekularen Wechselwirkungen und somit die Verbundfestigkeit vergrößert. Bei den mit der Laserstrahlung vorbehandelten Substraten wird die Verbundfestigkeit hauptsächlich durch die mechanische Verzahnung zwischen PEEK und der Substratoberfläche bestimmt. Dies zeigen die Querschnitte von PEEK-Schichten, die auf laserbehandeltem Aluminium aufgeschmolzen sind.

In Bild 31 sind die Querschliffe einer lasergeschmolzenen PEEK-Schicht auf einem laservorbehandelten Substrat bei einer Oberflächentemperatur des Substrates während des Schmelzprozess von (265 ± 5) °C (links) und (248 ± 5) °C (rechts) dargestellt.

Bild 31: Querschliff einer lasergeschmolzenen PEEK-Schicht auf einem laservorbandelten Substrat bei einer Oberflächentemperatur von 265 °C (links) und 248 °C (rechts)

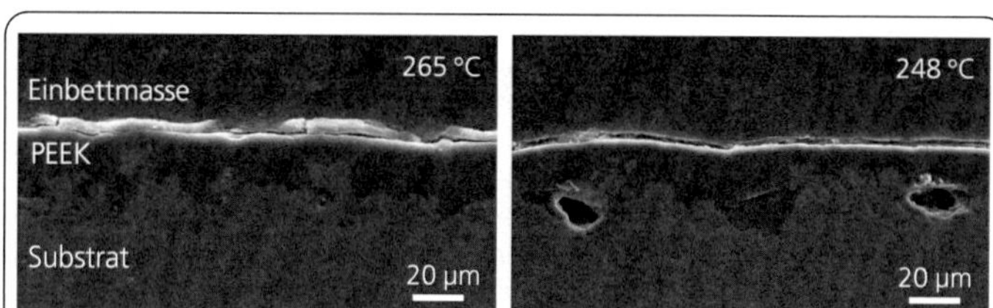

Bei einer Oberflächentemperatur von (265 ± 5) °C füllt das PEEK fast alle Zwischenräume der Oberfläche aus und bildet eine vollflächige mechanische Verzahnung ohne erkennbare Fehlstellen. Dies führt zu einer großen Verbundfestigkeit. Bei einer kleineren Oberflächentemperatur von (248 ± 5) °C sind mehr Lufteinschlüsse zu sehen, die die Verbundfestigkeit aufgrund der Reduzierung der mechanischen Verzahnung und aktiven Oberfläche verkleinern.

In Bild 32 sind REM-Aufnahmen der laserbehandelten Oberfläche vor der Beschichtung mit PEEK (links) und nach der Verbundfestigkeitsuntersuchung (rechts) bei einer Vorheiztemperatur von (248 ± 5) °C dargestellt.

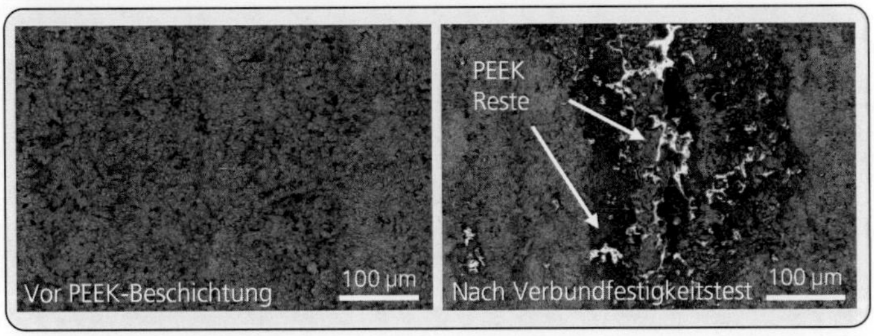

Bild 32: REM-Aufnahme der laserbehandelten Oberfläche vor der PEEK-Beschichtung (links) und nach der Verbundfestigkeitsuntersuchung (rechts) bei einer Vorheiztemperatur von (248 ± 5) °C

Nach der Verbundfestigkeitsuntersuchung sind PEEK-Reste auf der Substratoberfläche vorhanden. Die Reste sind hauptsächlich in den Rillen der Oberfläche sichtbar. Vermutlich haftet das PEEK in den Rillen hinter den Hinterschneidungen. Die Adhäsionskraft an diesen Stellen ist dann so groß, dass die Kraft beim Ablösen der Schicht nicht ausreicht, um das PEEK aus den Rillen zu lösen.

Die hier durchgeführten Verbundfestigkeitsuntersuchungen weisen eine große Standardabweichung von bis zu 1,5 MPa auf. Eine mögliche Ursache ist, dass trotz gleicher Laservorbehandlung und Vorheiztemperatur die Haftbedingungen nicht durchgängig gleich gehalten werden können. Selbst kleine Änderungen der Schichtdicke und der Vorheiztemperatur in der Schicht haben große Auswirkungen auf die Verbundfestigkeit. Trotz der großen Standardabweichung lässt sich ein deutlicher Anstieg der Verbundfestigkeit mit zunehmender Vorheiztemperatur feststellen. Verglichen mit der Auswirkung der Vorheiztemperatur auf die Verbundfestigkeit ist die Auswirkung der Anpassung der Vorbehandlungsparameter bei gleicher Vorheiztemperatur eher klein.

Zusammenfassend hat die Oberflächentemperatur des Substrates den größten Einfluss auf die Verbundfestigkeit zwischen PEEK-Schicht und Substrat. Bei den unbehandelten Substraten wird eine Verbundfestigkeit von > 5 MPa ab einer Substrattemperatur von 320 °C erreicht. Durch die Laservorbehandlung des Substrates kann die Temperatur auf 260 °C reduziert werden. Als mögliche Ursache für die Verbundfestigkeit zwischen PEEK-Schicht und Substrat werden mechanische Verklammerungen und intermolekulare Kräfte identifiziert.

5.4 Einfluss von Laservorbehandlung und Laserschmelzen auf die Substrathärte

Das Ziel dieses Kapitels ist es zu identifizieren, welchen Einfluss die Laservorbehandlung, die Vorheizung und das Laserschmelzen auf die Substrathärte haben. In Bild 33 ist die Strategie der Härtemessungen an den Probenquerschnitten mit unterschiedlichen Eindringkräften dargestellt.

Bild 33: Positionierung der Messpunkte für die Härtemessung der Substratquerschnitte

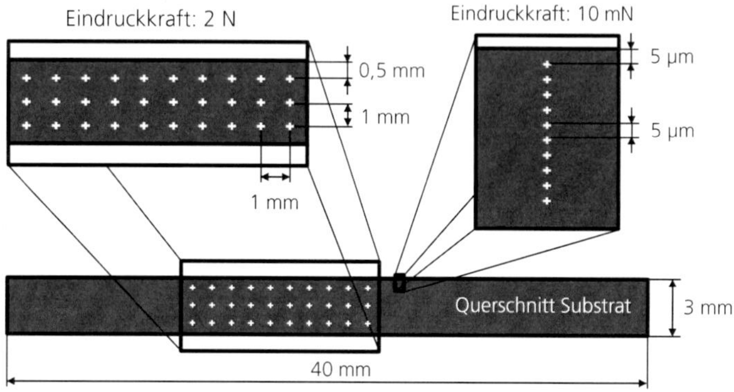

Zum einen werden Aluminiumproben mit einer Heizplatte auf die bei den Verbundfestigkeitsuntersuchungen getesteten Temperaturen aufgeheizt und mit dem Vickers-Härteprüfer „Q30A+" von ATM Qness GmbH mit einer Eindringkraft von 2 N geprüft. Über den Querschnitt jeder Probe sind 30 Messpunkte mit einem Abstand von 1 mm rasterförmig verteilt (siehe Bild 33). Um sicherzustellen, dass die Zieloberflächentemperatur des Substrates erreicht wird (gemessen durch einen Temperaturfühler), werden die Proben 1 min auf der Heizplatte gehalten. Die Dauer entspricht der Zeit vom Auflegen der Probe auf die Heizplatte bis zum Herunternehmen der Probe.

Zum anderen werden zusätzliche Vickers-Härtemessungen mit einem kleineren Messpunktabstand (ca. 5 µm) mit dem Nanoidenter „Picodenter HM500" von Helmut Fischer GmbH nahe der Substratoberfläche durchgeführt (Eindringkraft: 10 mN), um festzustellen, inwieweit die Laservorbehandlung bzw. das Laserschmelzen des partikulären PEEKs die Härte des Substrates in einem oberflächennahen Bereich beeinflusst. Dazu werden 10 Messpunkte im Querschnitt der laservorbehandelten Probe in einer von der Oberfläche ausgehenden Linie gemessen (siehe Bild 33). Anschließend wird die Tiefe bestimmt, in der keine Härteänderung im Vergleich zur Grundhärte des Substrates auftritt. Dieser Versuch wird mit dem unbehandelten Substrat, dem laservorbehandelten Substrat (siehe IR7 in Tabelle 4) und dem entsprechend Kapitel 5.3 lasernachbehandelten Substrat (inkl. Laservorbehandlung) mit Substrattemperaturen von (248 ± 5) °C und (291 ±5) °C durchgeführt.

In Bild 34 ist die Härte der Aluminiumsubstrate in Abhängigkeit von der Vorheiztemperatur für eine Wechselwirkungszeit von einer Minute (ohne Laservorbehandlung oder laserbasiertes Schmelzen von PEEK) dargestellt. Zum Vergleich ist die Härte des unbehandelten Substrates mit (121,4 ± 2,9) HV_{2N} und die Härte einer konventionell ofenbeschichteten Probe bei der Temperatur von 400 °C und einer Wechselwirkungszeit von 10 min mit (52,3 ± 1,8) HV_{2N} angegeben. Da keine signifikante Abhängigkeit der Härte vom Messort über dem Querschnitt festgestellt wird, wird der Mittelwert aus allen Messpunkten je Parametersatz gebildet.

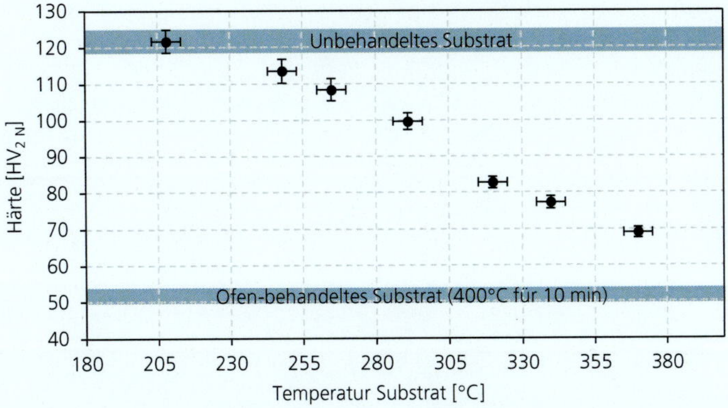

Bild 34: Härte des Substrats in Abhängigkeit von der Vorheiztemperatur bei 1 min Haltezeit auf der Heizplatte im Vergleich zu einem unbehandelten und einem im Ofen behandelten Substrat

Für die bei der Vorheiztemperatur (208 ± 5) °C hergestellten Proben wird kein Härteverlust im Vergleich zum Substrat im Originalzustand nachgewiesen. Mit zunehmender Oberflächentemperatur nimmt die Härte des Substrates kontinuierlich bis auf (69,0 ± 1,5) HV_{2N} bei der größten geprüften Temperatur (370 ± 5) °C ab. Dies zeigt, dass bei einem laserbasierten Schmelzverfahren die Temperatur der Substratoberfläche so klein wie möglich gehalten werden sollte.

In Bild 35 ist die oberflächennahe Härte des Substrates nach der Laservorbehandlung und nach dem zusätzlichem Laserschmelzen bei einer Oberflächenvorheiztemperatur von (248 ± 5) °C und (291 ± 5) °C bei einer Eindringkraft von 10 mN im Vergleich zu einem unbehandelten Substrat dargestellt.

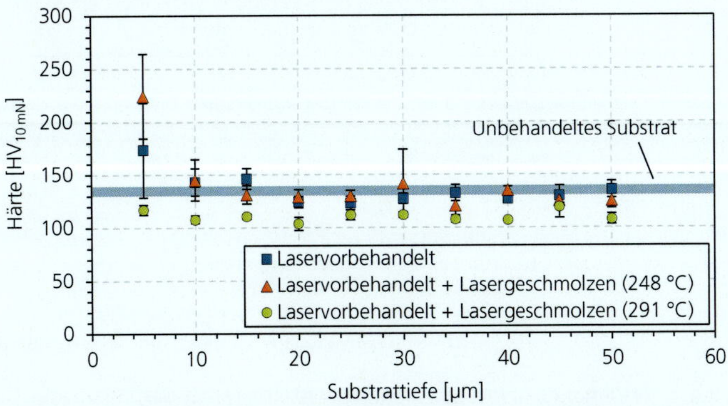

Bild 35: Oberflächennahe Härte des Substratmaterials nach Laservorbehandlung und Laserschmelzen von partikulären PEEK-Schichten im Vergleich zu einem unbehandelten Substrat

Bei dieser Eindringkraft wird für das Substratmaterial im Ausgangszustand eine Härte von (134,7 ± 4,6) HV_{10mN} gemessen. Der Unterschied von ca. 11 % im Vergleich zur Messung mit 2 N Eindringkraft wird durch die Verwendung zweier unterschiedlicher Messgeräte mit stark unterschiedlichen Eindringkräften zurückgeführt. Für das laserbehandelte Substrat wird eine Härte von (173,3 ± 44,8) HV_{10mN}

in einer Tiefe von 5 µm gemessen. Dies ist deutlich größer als die Grundhärte des Materials. In einer Tiefe von 10 µm und 15 µm wird eine Härte von ca. 145 HV_{10mN} gemessen, was leicht über der Grundhärte des Substrates liegt. Ab einer Tiefe von 20 µm ist keine Veränderung der Härte gegenüber dem Ausgangszustand festzustellen. Bei dem laservorbehandelten und anschließend mit einer PEEK-Schicht bei einer Oberflächentemperatur von (248 ± 5) °C beschichteten Substrat ist ebenfalls eine oberflächennahe Härtung des Substrates zu erkennen. In einer Substrattiefe von 5 µm wird eine Härte von (224,2 ± 40,0) HV_{10mN} und in einer Tiefe von 10 µm von (145,0 ± 19,5) HV_{10mN} gemessen. Ab einer Tiefe von 15 µm ist keine signifikante Änderung der Härte im Vergleich zum Ausgangszustand festzustellen. Bei dem mit PEEK beschichteten Substrat wird nach der Laservorbehandlung bei einer Oberflächenvorheiztemperatur von (291 ± 5) °C keine oberflächennahe Härtung beobachtet. Die Härte ist mit ca. 110 HV_{10mN} etwa 25 HV_{10mN} kleiner als die Härte des Substrates im Ausgangszustand.

Die Ergebnisse zeigen, dass die Laservorbehandlung zu einer oberflächennahen Härtung des Substrates führt. Die Härte in 5 µm Substrattiefe ist bei der Substrattemperatur 248 °C zwar größer als bei 291 °C, doch die Abweichung liegt innerhalb der gemessenen Standardabweichung. Die Härtung ist bis zu einer Tiefe von 15 µm zu beobachten und könnte durch die schnelle Aufheizung- und Abkühlung an der Substratoberfläche verursacht werden, die durch die gepulste Laserstrahlung im Nanosekundenbereich während der Vorbehandlung verursacht wird. Beim Laserschmelzen wird keine gepulste Laserstrahlung verwendet, wodurch kleinere Aufheiz- und Abkühlraten erreicht werden. Das Laserschmelzen hat keine oberflächennahe Auswirkung auf die Substrathärte, sondern nur einen allgemeinen Härteverlust im gesamten Substrat durch die Vorheizung zur Folge. Dies wird durch die Tatsache belegt, dass bei einer Oberflächentemperatur von (248 ± 5) °C die oberflächennahe Härtung erhalten bleibt und die Grundhärte des Substrates nicht abnimmt. Selbst bei der Messung mit 2 N wird bei den Proben, die bei einer Oberflächentemperatur von (248 ± 5) °C bearbeitet werden, nur ein kleiner Härteverlust festgestellt. Bei den Proben, die bei einer Oberflächentemperatur von (291 ± 5) °C bearbeitet werden, nimmt die Härte des gesamten Substrates ab. Das deutet darauf hin, dass die Vorheizung durch die Heizplatte maßgeblich den Härteverlust des Substrates verursacht und nicht die Aufheizung durch die Laserstrahlung während des Laserschmelzens der PEEK-Schicht.

Zusammenfassend wird durch die laserbasierte Vorbehandlung die Härte des Substrates in einem oberflächennahen Bereich von 15 µm vergrößert. Die Substratvorheizung mittels Heizplatte verkleinert die gesamte Substrathärte abhängig von der Temperatur. Das Schmelzen der PEEK-Schicht mittels CO_2-Laserstrahlung hat keinen nachweisbaren Einfluss auf die Substrathärte.

5.5 Minimal notwendige Oberflächentemperatur des Substrates für das Laserschmelzen von partikulären PEEK-Schichten

In Kapitel 5.3 wird festgestellt, dass die laservorbehandelten Proben eine größere Verbundfestigkeit aufweisen als die unbehandelten Proben. Die Stärke der Oberflächenrauigkeit hat keinen signifikanten Einfluss auf die Verbundfestigkeit, jedoch auf die optischen Eigenschaften des Substrates. Eine Vergrößerung des Mittenrauwertes R_a führt zu einer Vergrößerung des Absorptionsgrades A. Ein großer Absorptionsgrad der Oberfläche ist vorteilhaft für die Zwei-Strahl-Ansätze, da die Oberflächentemperatur des Substrates bei einer laserbasierten Aufheizung des Substrates vergrößert werden kann. Die Oberflächentemperatur des Substrates hat den größten hier gemessenen Einfluss auf die Verbundfestigkeit zwischen PEEK-Schicht und Substrat. Aus diesem Grund wird der Laservorbehandlungsparameter IR7 aus Tabelle 4 ausgewählt, da dieser den größten Absorptionsgrad der getesteten Laservorbehandlungen aufweist (A = (59,5 ± 2,0) %, R_a = (5,89 ± 0,92) µm). Im weiteren Verlauf dieser Untersuchung werden alle verwendeten Substrate mit diesen Parametern vorbehandelt.

Um die Fragestellung zu beantworten, welche minimale Oberflächentemperatur für die Erreichung von haftfesten Schichten mittels der Zwei-Strahl-Ansätze notwendig ist, können die Ergebnisse der Verbundfestigkeitsuntersuchungen zwischen PEEK und dem laservorbehandelten Substrat IR7 aus Bild 29 verwendet werden. Für das verwendete laservorbehandelte Substrat werden ab der Oberflächentemperatur von größer (265 ± 5) °C erste Verbundfestigkeiten von größer 5 MPa gemessen. Die Verbundfestigkeit nimmt mit steigender Oberflächentemperatur stetig zu. Für das in dieser Untersuchung zu entwickelnde Laserverfahren bedeutet das, dass eine Temperatur auf der Substratoberfläche von mindestens 260 °C erreicht werden muss, um PEEK-Schichten auf den laservorbehandelten Aluminiumsubstraten mit der angestrebten Verbundfestigkeit von > 5 MPa herzustellen. Der Härteverlust des Substrates beträgt nach der Untersuchung mittels Heizplatte bei dieser Vorheiztemperatur und einer Wechselwirkungszeit von 1 min 11 % (siehe Bild 34). Falls beim Zwei-Strahl-Ansatz „Transmission durch geschmolzene PEEK-Schicht" die PEEK-Schicht zum Zeitpunkt der Substrataufheizung schon erstarrt ist, ist eine Aufheizung des Substrates auf > 340 °C notwendig, um das PEEK wieder anzuschmelzen und eine haftfeste Bindung zu erzeugen.

6 Einfluss des Beschichtungsmaterials auf die maximale Oberflächentemperatur des Substrates bei der laserbasierten Aufheizung

Im folgenden Kapitel wird die Propagation der Strahlung eines Diodenlasers mit der Wellenlänge $\lambda = 980$ nm durch sowohl die partikulären als auch durch die geschmolzenen PEEK-Schichten während der laserbasierten Aufheizung des Substrates untersucht. Zunächst werden die schichtdickenabhängigen optischen Eigenschaften von partikulären und geschmolzenen PEEK-Schichten bestimmt. Darauffolgend wird das Zersetzungsverhalten der PEEK-Schichten untersucht, um die Grenzen des Laserverfahrens für die Aufheizung zu ermitteln. Im Anschluss wird die Vergrößerung des Laserstrahldurchmessers aufgrund der Streuung in der partikulären PEEK-Schicht analysiert. Auf Basis dieser Ergebnisse wird die maximal erreichbare Oberflächentemperatur des Substratmaterials bei der laserbasierten Aufheizung simulativ bestimmt.[11]

6.1 Optische Eigenschaften des Beschichtungsmaterials

Die für die Aufheizung der Substratoberfläche zur Verfügung stehende optische Energie wird maßgeblich durch den Transmissionsgrad der PEEK-Schicht beeinflusst. Daher werden im ersten Schritt die optischen Eigenschaften – mit besonderem Fokus auf den schichtdickenabhängigen Transmissionsgrad – ermittelt.

Für die Messung der optischen Eigenschaften wird ein Quarzglassubstrat (HOQ 310) mit einem Durchmesser von 30 mm und einer Dicke von 2 mm verwendet. Dieses weist bei $\lambda = 980$ nm einen Transmissionsgrad von ca. 92 % und einen Absorptionsgrad von ca. 0 % auf. Auf dem Substrat wird die PEEK-Dispersion mittels Rakelverfahren in verschiedenen Schichtdicken appliziert. Das Rakelverfahren bietet im Vergleich zum Dispensverfahren eine einfache Anpassung der applizierten Schichtdicke, indem die Höhe der Referenzkante geändert wird.

Nach der Applikation werden die partikulären Schichten auf einer Heizplatte bei einer Temperatur von 100 °C für 10 min getrocknet. Das partikuläre PEEK wird an drei Stellen entfernt und die Schichtdicke an der Stufe von Substrat zu PEEK-Schicht mittels des Laser-Scanning-Mikroskops (LSM) „VK9700" von Keyence GmbH gemessen. Der Fehler auf die Schichtdicke ergibt sich aus einer Mehrfachmessung einer Probe an verschiedenen Stellen.

Um die Schichtdicke von geschmolzenen PEEK-Schichten nach der Erstarrung zu messen, werden die partikulären Schichten auf einer Heizplatte bei 400 °C geschmolzen. Auch hier werden die Schichtdicken äquivalent zu den partikulären Schichten mittels LSM gemessen.

11 Ein Teil der in diesem Kapitel vorgestellten experimentellen Untersuchung wurde im Rahmen der vom Verfasser dieser Dissertationsschrift betreuten Bachelorarbeit von Wild [127] durchgeführt.

Sowohl für die partikulären als auch die geschmolzenen Schichten werden der Transmissionsgrad T und der Reflexionsgrad R mit dem UV/Vis/NIR-Spektrometer „Lambda 1050" von PerkinElmer GmbH gemessen.

Für die Messung wird eine Ulbrichtkugel mit einer Innenbeschichtung aus Spektralon verwendet. Spektralon besitzt über den zu vermessenden Wellenlängenbereich eine große Reflektivität. Bei diffus reflektierenden Proben (z. B. partikuläre PEEK-Schichten) ist die reflektierte Strahlung über den ganzen Raumwinkel verteilt. Durch die Vermessung mit einer Ulbrichtkugel kann nun die reflektierte/transmittierte Intensität über den nahezu gesamten Raumwinkel detektiert und somit ein Gesamtreflexionsgrad bzw. -transmissionsgrad bestimmt werden.

Bei der Vermessung der optischen Eigenschaften werden zunächst nur Transmissionsgrad $T_{\mathrm{PEEK+Glas}}$ und Reflexionsgrad $R_{\mathrm{PEEK+Glas}}$ des Gesamtsystems aus PEEK-Schicht und Glas bestimmt. Der Transmissionsgrad T_{PEEK} und Reflexionsgrad R_{PEEK} des PEEKs wird durch eine Korrektur basierend auf Mehrfachreflexion ermittelt (Therme mit einem Einfluss auf das Ergebnis kleiner als 0,1 %-Punkte werden vernachlässigt):

6.1
$$T_{\mathrm{PEEK}} = \frac{T_{\mathrm{PEEK+Glas}}}{T_{\mathrm{Glas}}}$$

6.2
$$R_{\mathrm{PEEK}} = R_{\mathrm{PEEK+Glas}} - R_{\mathrm{Glas}} \frac{{T_{\mathrm{PEEK+Glas}}}^2}{{T_{\mathrm{Glas}}}^2} - R_{\mathrm{Glas}} {T_{\mathrm{PEEK+Glas}}}^2$$

Der Absorptionsgrad wird dann berechnet durch:

6.3
$$A_{\mathrm{PEEK}} = 1 - R_{\mathrm{PEEK}} - T_{\mathrm{PEEK}}$$

Der Fehler auf Reflexionsgrad R und Transmissionsgrad T ergibt sich aus statistischem Fehler (drei Messungen) und systematischem Fehler (Herstellerangabe, 2 %-Punkte). Der Fehler auf den Absorptionsgrad A berechnet sich durch Fehlerfortpflanzung.

In Bild 36 sind der Transmissionsgrad T_{PEEK}, Reflexionsgrad R_{PEEK} und Absorptionsgrad A_{PEEK} der partikulären PEEK-Schichten in Abhängigkeit von der Schichtdicke für $\lambda = 980$ nm dargestellt.

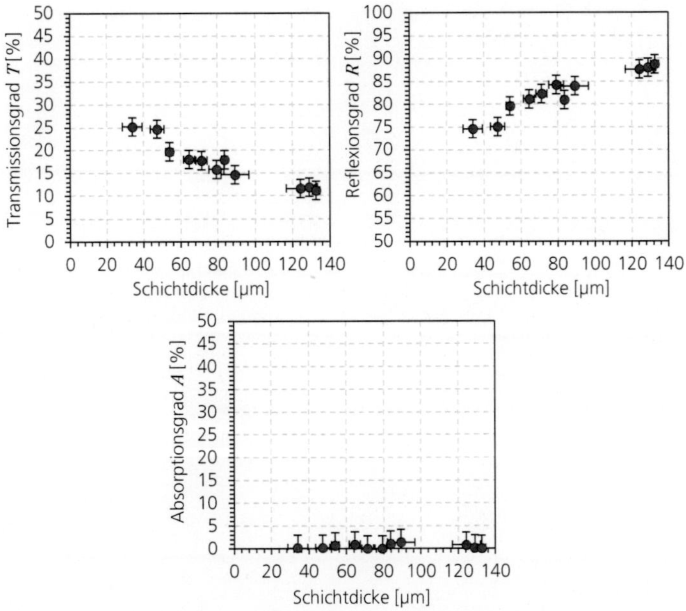

Bild 36: Transmissions-, Reflexions- und Absorptionsgrad der partikulären PEEK-Schichten bei der Wellenlänge λ = 980 nm in Abhängigkeit von der Schichtdicke

Der Transmissionsgrad der partikulären PEEK-Schicht bei einer Schichtdicke von (34,0 ± 5,3) µm beträgt (25,2 ± 2,0) %. Mit zunehmender Schichtdicke nimmt der Transmissionsgrad bis auf (11,1 ± 2,0) % bei einer Schichtdicke von (132,7 ± 2,0) µm ab. Der Reflexionsgrad der partikulären PEEK-Schicht bei einer Schichtdicke von (34,0 ± 5,3) µm beträgt (74,6 ± 2,0) %. Mit zunehmender Schichtdicke steigt der Reflexionsgrad bis auf (87,8 ± 2,0) % bei einer Schichtdicke von (132,7 ± 2,0) µm. Der Absorptionsgrad der partikulären PEEK-Schicht bleibt über den untersuchten Schichtdickenbereich in einem Bereich zwischen (0,0 + 2,8) % und (1,4 ± 2,8) %.

Bei einem absorbierenden Medium sollte der Absorptionsgrad nach dem Lambert-Beer'schen Gesetz mit zunehmender Schichtdicke ansteigen. Da dies nicht der Fall ist und Absorptionsgrade von kleiner als (1,4 ± 2,8) % schichtdickenunabhängig gemessen werden, ist davon auszugehen, dass der Absorptionsgrad für den verwendeten Schichtdickenbereich vernachlässigbar klein ist. Die Abnahme des Transmissionsgrades wird durch die Zunahme des Reflexionsgrades verursacht. Vermutlich erhöht sich mit zunehmender Schichtdicke und der damit verbundenen Zunahme der Partikel die Anzahl an Reflexionsereignissen und somit der gemessene Reflexionsgrad.

Der Transmissionsgrad der in der vorliegenden Arbeit verwendeten Schichten, die mittels Dispensverfahren hergestellt werden ($h_{\text{partikulär}}$ = (63,8 ± 0,2) µm), liegt im Bereich 16 – 20 % (siehe Kapitel 4.3).

In Bild 37 sind Transmissionsgrad T_{PEEK}, Reflexionsgrad R_{PEEK} und Absorptionsgrad A_{PEEK} der geschmolzenen PEEK-Schichten in Abhängigkeit von der Schichtdicke für $\lambda = 980$ nm dargestellt. Die Werte und Fehlerbalken werden äquivalent zu den partikulären Schichten bestimmt. Durch das Schmelzen der partikulären Schichten mittels Heizplatte nimmt die Schichtdicke im Durchschnitt um (78,6 ± 4,7) % ab.

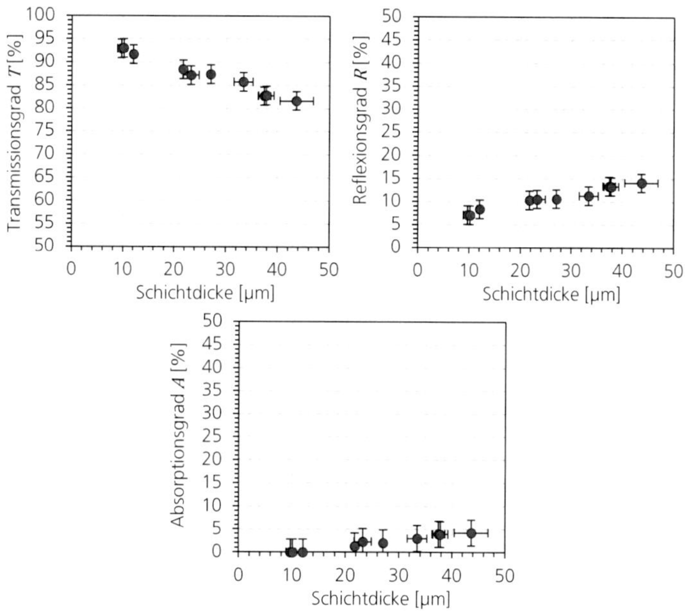

Bild 37: Transmissions-, Reflexions- und Absorptionsgrad der geschmolzenen PEEK-Schichten bei λ = 980 nm in Abhängigkeit der Schichtdicke

Die Schichtdicke beträgt nach dem Schmelzen ca. 9 µm bis 45 µm und der Transmissionsgrad liegt im Bereich von ca. 79,5 % bis 95 %. Der Transmissionsgrad der geschmolzenen PEEK-Schicht bei einer Schichtdicke von (9,7 ± 0,8) µm beträgt (92,9 ± 2,0) %. Mit zunehmender Schichtdicke nimmt der Transmissionsgrad bis auf (81,6 ± 2,0) % für eine Schichtdicke von (43,7 ± 3,2) µm ab. Der Reflexionsgrad der geschmolzenen PEEK-Schicht bei einer Schichtdicke von (9,7 ± 0,8) µm beträgt (7,1 ± 2,0) %. Mit zunehmender Schichtdicke nimmt der Reflexionsgrad bis auf (14,1 ± 2,0) % für eine Schichtdicke von (43,7 ± 3,2) µm ab. Im Gegensatz zum partikulären PEEK nimmt der Absorptionsgrad des geschmolzenen PEEKs mit zunehmender Schichtdicke zu. Für die Schichtdicke (9,7 ± 0,8) µm beträgt der Absorptionsgrad (0,0 + 2,8) % und für die Schichtdicke (43,7 ± 3,2) µm (4,3 ± 2,8) %. Das bedeutet, dass das PEEK im geschmolzenen Zustand im Gegensatz zum partikulären Zustand mehr Strahlung bei $\lambda = 980$ nm absorbiert.

Der Absorptionsgrad nimmt nach dem Lambert-Beer'schen-Gesetz mit der Erhöhung der Schichtdicke zu. Eine mögliche Ursache dafür könnte sein, dass eine teilweise chemische Veränderung des PEEKs während des Schmelzens stattfindet, welche zu einer Vergrößerung des Absorptionsgrades führt. Ebenso nimmt der Reflexionsgrad mit steigender Schichtdicke zu. Da der Reflexionsgrad bei Veränderung der Schichtdicke nicht konstant bleibt, ist davon auszugehen, dass das PEEK nicht bei jeder Messung als vollkommen homogenes Medium vorliegt. Mögliche Ursachen könnten nicht vollständig geschmolzenes Pulver, Einschlüsse im Material oder Poren in der Oberfläche sein. Diese Fehlstellen könnten auch den zunehmenden Absorptionsgrad bei zunehmender Schichtdicke verursachen.

Da bei den in der vorliegenden Arbeit verwendeten Schichtdicken im geschmolzenen Zustand ($h_{\mathrm{geschmolzen}} = (13{,}7 \pm 3{,}0)$ µm) ein Absorptionsgrad von ($0{,}0 \pm 2{,}8$) % gemessen wird, wir davon ausgegangen, dass der Einfluss möglicher Fehlstellen für die verwendete Schichtdicke vernachlässigbar klein ist. Der Transmissionsgrad der im weiteren Verlauf verwendeten Schichtdicke liegt im Bereich 90 – 93 %.

Für die in der vorliegenden Arbeit untersuchte laserbasierte Aufheizung des Substrates zeigen die Ergebnisse, dass durch geschmolzene Schichten ein wesentlich größerer Anteil der Laserstrahlung transmittiert werden kann als durch die partikulären Schichten. Für die partikuläre Schicht beträgt der Transmissionsgrad $T_{\mathrm{partikulär}} \approx 16 - 20$ % und für die geschmolzene Schicht $T_{\mathrm{geschmolzen}} \approx 90 - 93$ % bei der in dieser Arbeit verwendeten Schichtdicke von $h_{\mathrm{partikulär}} = (63{,}8 \pm 0{,}2)$ µm.

6.2 Zersetzungsverhalten des Beschichtungsmaterials

Bei Voruntersuchungen wurde festgestellt, dass ab einer gewissen, eingestrahlten Laserintensität das PEEK einer destruktiven Veränderung unterliegt (Zersetzung). Infolgedessen erhöht sich der Absorptionsgrad lokal signifikant, was zu einem Kaskadeneffekt und der Zerstörung der gesamten Schicht führt. Bei der Untersuchung des Zersetzungsverhaltens des Beschichtungsmaterials wird daher identifiziert, ab welchen Laserstrahldurchmessern und Vorschubgeschwindigkeiten eine Zersetzung des PEEKs sowohl im partikulären als auch im geschmolzenen Zustand eintritt. Diese Grenze der maximal einstrahlenden optischen Energie bestimmt maßgeblich, welche maximale Temperatur auf der Substratoberfläche kurzzeitig durch transmittierte Laserstrahlung erzeugt werden kann.

Für die experimentellen Untersuchungen wird der Diodenlaser „LDM500" von Laserline GmbH mit einer Wellenlänge von $\lambda = 980$ nm mit einer maximal gemessenen Ausgangsleistung von (430 ± 3) W verwendet (Leistungsmessung im Anhang 11.6, Bild 72), welche auch für alle Bearbeitungen eigesetzt wird. Insgesamt werden drei verschiedene Laserstrahldurchmesser ($d_{1\text{-}3}$) für die Untersuchungen ausgewählt. Diese werden mit dem Laserdiagnosegerät „Focus Monitor" von Primes GmbH gemessen. Die Leistungsdichteverteilungen (LDV) der verwendeten Strahldurchmesser sind in Bild 38 dargestellt.

Bild 38: Leistungsdichteverteilungen bei 3 unterschiedlichen Laserstrahldurchmessern für die Untersuchung des Zersetzungsverhaltens

Index	d_1	d_2	d_3
Leistungsdichte-verteilung	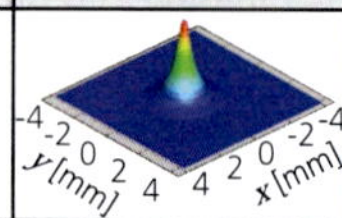	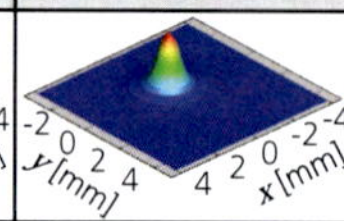	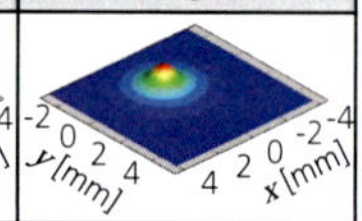
Strahldurchmesser	2,25 mm	3,28 mm	4,83 mm
Mittlere Intensität	10,4 kW/cm^2	4,9 kW/cm^2	2,3 kW/cm^2

Der Laserstrahl wird mittels des Scanners „intelliSCAN30" von Scanlab GmbH in einer Spur von 40 mm Länge über die partikuläre und die geschmolzene PEEK-Schicht unter Variation der Vorschubgeschwindigkeit v_S bewegt (siehe Bild 39). Die Spurlänge ist länger als die Kantenlänge des beschichteten Bereiches, um einen Einfluss einer verringerten Vorschubgeschwindigkeit in Beschleunigungs- und Bremsphasen der Scannerspiegel auf das Ergebnis auszuschließen. Als Substratmaterial werden Aluminiumbleche (EN AW-6082) mit den Abmessungen 40 mm × 40 mm × 3 mm verwendet, die entsprechend der Beschreibung in Kapitel 5.5 (siehe Tabelle 4, IR7) laservorbehandelt und entsprechend der Beschreibung in Kapitel 4.3 (siehe Tabelle 17, Mischungsverhältnis 1:3) beschichtet sind.

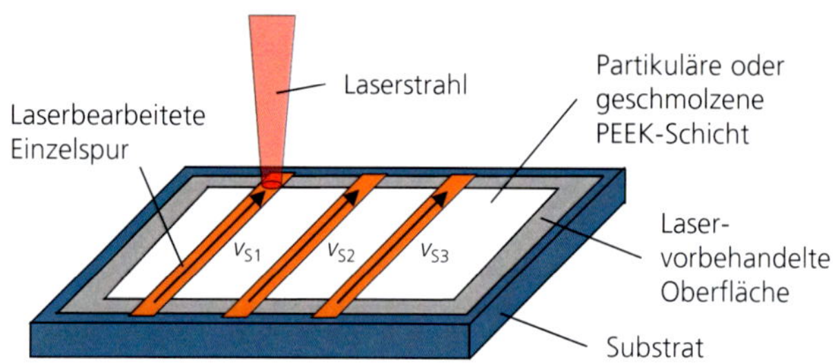

Bild 39: Bearbeitungsstrategie für die Untersuchung des Zersetzungsverhaltens von partikulären und geschmolzenen PEEK-Schichten

Die Zersetzung der PEEK-Oberfläche wird in vier Kategorien bewertet:

- Kategorie 0: Es ist keine Zersetzung auf der Oberfläche zu erkennen
- Kategorie 1: Einzelne punktuelle Zersetzungen sind sichtbar
- Kategorie 2: Größere Bereiche der Einzelspur zeigen eine Zersetzung
- Kategorie 3: Die gesamte Einzelspur zeigt eine Zersetzung

Die Vorschubgeschwindigkeit wird bei gleicher Leistung schrittweise verringert und die PEEK-Oberfläche entsprechend der Kategorien bewertet. In Bild 40 ist die Bewertung der Zersetzung der partikulären PEEK-Schichten auf dem laservorbehandelten Aluminiumsubstrat in Abhängigkeit von Vorschubgeschwindigkeit und Laserstrahldurchmesser gezeigt. Der eingefärbte Bereich markiert die Vorschubgeschwindigkeiten, bei welchen Zersetzungen des PEEKs beobachtet, und der nicht gefärbte Bereich Vorschubgeschwindigkeiten, bei welchen keine Zersetzungen des PEEKs beobachtet werden. Der schraffierte Bereich stellt den Übergangsbereich dar, bei welchem erste Zersetzungen des PEEKs auftreten können.

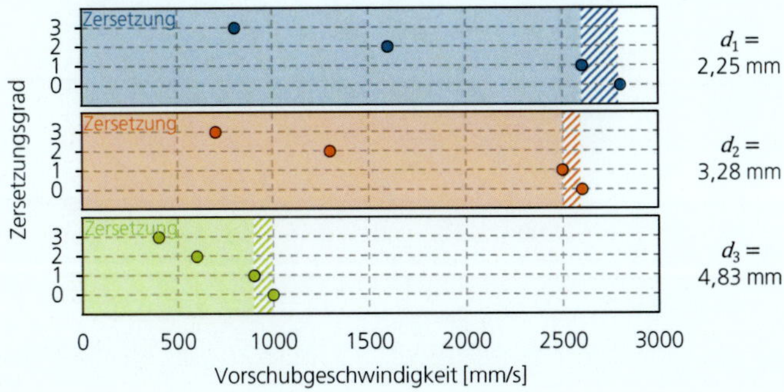

Bild 40: Bewertung der Zersetzung von partikulärem PEEK auf einem Aluminiumsubstrat in Abhängigkeit von Vorschubgeschwindigkeit und Laserstrahldurchmesser

Für den Laserstrahldurchmesser d_1 = 2,25 mm beginnt die Zersetzung zwischen den Vorschubgeschwindigkeiten 2800 mm/s und 2600 mm/s. Der Grad der Zersetzung nimmt mit abnehmender Vorschubgeschwindigkeit zu. Ab Vorschubgeschwindigkeiten von weniger als 800 mm/s zeigt die gesamte Bearbeitungsspur eine vollständige Zersetzung. Mit größerem Laserstrahldurchmesser beginnt die Zersetzung bei kleineren Vorschubgeschwindigkeiten (für d_2 = 3,28 mm zwischen 2600 mm/s und 2500 mm/s, für d_3 = 4,83 mm zwischen 1000 mm/s und 900 mm/s).

In Bild 41 ist die Bewertung der Zersetzung der geschmolzenen PEEK-Schichten auf dem laservorbehandelten Aluminiumsubstrat in Abhängigkeit von Vorschubgeschwindigkeit und Laserstrahldurchmesser dargestellt:

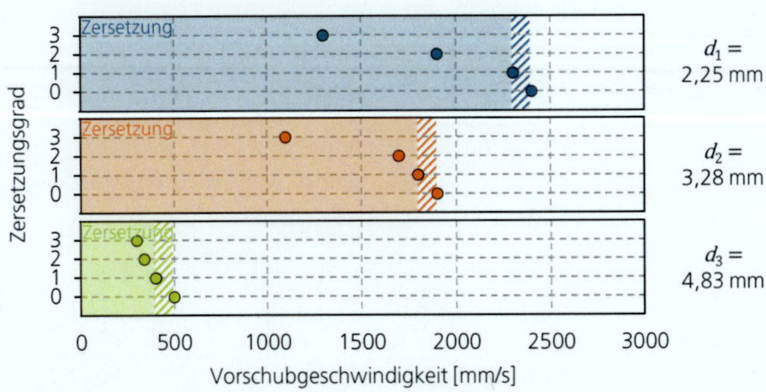

Bild 41: Bewertung der Zersetzung von geschmolzenem PEEK auf einem Aluminiumsubstrat in Abhängigkeit von Vorschubgeschwindigkeit und Laserstrahldurchmesser

Bei der Bearbeitung der zuvor geschmolzenen PEEK-Schichten ist ein ähnliches Verhalten bezüglich der Zersetzung zu beobachten. Die Zersetzung nimmt mit einer Verringerung der Vorschubgeschwindigkeit und mit der Verringerung des

Laserstrahldurchmessers zu. Bei einem Laserstrahldurchmesser d_1 = 2,25 mm beginnt die Zersetzung zwischen 2400 mm/s und 2300 mm/s, bei d_2 = 3,28 mm zwischen 1900 mm/s und 1800 mm/s und bei d_3 = 4,83 mm zwischen 500 mm/s und 400 mm/s. Die Zersetzung erfolgt bei geschmolzenem PEEK bei kleineren Vorschubgeschwindigkeiten als bei partikulärem PEEK.

Die Zersetzung der partikulären und geschmolzenen PEEK-Schichten treten bei der lokalen Überschreitung der Zersetzungstemperatur des PEEKs ein. Nach Literaturangaben wird die Zersetzungstemperatur von PEEK im Bereich T_z = 450 – 454 °C [11; 128] angegeben und liegt damit ca. 110 °C über der Schmelztemperatur von PEEK (T_M = 340 °C [19]). Durch die lokale Zersetzung und die dadurch induzierte Schwärzung des Materials wird der Absorptionsgrad des PEEKs lokal signifikant erhöht, sodass bei fortlaufender Bestrahlung die Zersetzungstemperatur konstant überschritten wird. Durch Reduzierung der Vorschubgeschwindigkeit und Verringerung des Laserstrahldurchmessers wird die eingebrachte Energie pro Fläche erhöht und die Zersetzungstemperatur wird schneller überschritten. Da die partikuläre PEEK-Schicht nur einen sehr kleinen Absorptionsgrad bei λ = 980 nm aufweist (< 1 %), wird das Zersetzungsverhalten von partikulärem PEEK auf einem nicht absorbierenden Quarzglassubstrat untersucht, um zu identifizieren, ob die Zersetzung durch die Aufheizung des Substratmaterials oder durch Absorption in der PEEK-Schicht verursacht wird.

In Bild 42 ist die Bewertung der Zersetzung der partikulären PEEK-Schichten auf einem Quarzglassubstrat in Abhängigkeit von Vorschubgeschwindigkeit und Laserstrahldurchmesser dargestellt:

Bild 42: Bewertung der Zersetzung von partikulärem PEEK auf einem Glassubstrat in Abhängigkeit von Vorschubgeschwindigkeit und Laserstrahldurchmesser

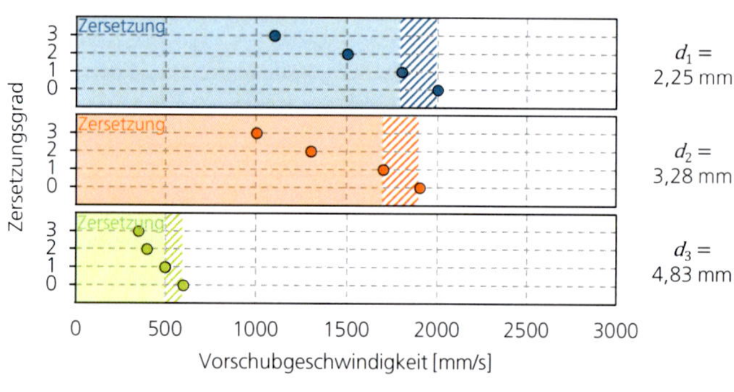

Wie beim partikulären und geschmolzenen PEEK auf dem Aluminiumsubstrat kommt es beim partikulären PEEK auf Quarzglas bei der Bestrahlung mittels Diodenlaserstrahlung zur Zersetzung. Die Zersetzung nimmt mit einer Verringerung der Vorschubgeschwindigkeit und der Verringerung des Laserstrahldurchmessers zu. Bei dem Laserstrahldurchmesser d_1 = 2,25 mm beginnt die Zersetzung zwischen 2000 mm/s und 1800 mm/s, bei d_2 = 3,28 mm zwischen 1900 mm/s und 1700 mm/s und bei d_3 = 4,83 mm zwischen 600 mm/s und 500 mm/s. Die Zersetzung der partikulären PEEK-Schichten beginnt auf dem Quarzglassubstrat erst bei kleineren Vorschubgeschwindigkeiten als auf dem Aluminiumsubstrat.

Trotz eines Absorptionsgrades der partikulären PEEK-Schicht von < 1 % treten auf dem nicht absorbierenden Quarzglassubstrat Zersetzungen des PEEKs auf. Insgesamt kann das Zersetzungsverhalten dadurch erklärt werden, dass die Zersetzung maßgeblich durch die PEEK-Schicht verursacht, aber durch das Substrat beeinflusst wird. Der sehr kleine Absorptionsgrad der PEEK-Schicht ist vermutlich ausreichend, um die Zersetzungstemperatur lokal an einem Partikel z. B. aufgrund anliegender Verunreinigungen oder ähnlichem (z. B. Staubpartikeln) zu überschreiten. Durch die lokale Zersetzung erhöht sich der Absorptionsgrad signifikant und mehr PEEK-Partikel zersetzen in einer Kettenreaktion. Bei den Schichten auf dem Aluminiumsubstrat tritt schon bei größeren Geschwindigkeiten eine Zersetzung auf als auf dem Glassubstrat. Das kann durch die Reflexion des Substrates und der damit resultierenden größeren Strahlungsenergie an einzelnen Partikeln, sowie durch die Aufheizung der Substratoberfläche und der damit resultierenden größeren Temperatur an Partikeln nah an der Substratoberfläche (Wärmeleitung) verursacht werden. Das führt zu einem schnelleren Überschreiten der Zersetzungstemperatur als beim Glassubstrat trotz gleicher eingestrahlter Energie. Bei den geschmolzenen Schichten sind insgesamt kleinere Vorschubgeschwindigkeiten ohne Zersetzung möglich, was durch die geänderte Wärmeleitung zwischen partikulärem und geschmolzenem PEEK verursacht wird. Vermutlich wird auch beim geschmolzenen PEEK die Zersetzungstemperatur lokal an Verunreinigungen, welche ins geschmolzene PEEK eingebettet sind, überschritten. Da es sich um ein homogenes Medium handelt, wird die Wärme schneller abgeleitet als beim partikulären PEEK, wodurch mehr Strahlungsenergie notwendig ist, um die Zersetzungstemperatur zu überschreiten.

Um zu identifizieren, ob ein genereller Grenzwert für die Zersetzung des PEEKs unabhängig von Vorschubgeschwindigkeit und Laserstrahldurchmesser existiert, ist in Bild 43 die eingebrachte Energie pro Fläche im Vergleich zum Zersetzungsgrad für die Experiment aus Bild 40 – Bild 42 dargestellt:

Bild 43: Bewertung der Zersetzung von partikulärem und geschmolzenem PEEK auf Glas und Aluminium in Abhängigkeit von der eingestrahlten Energie pro Fläche

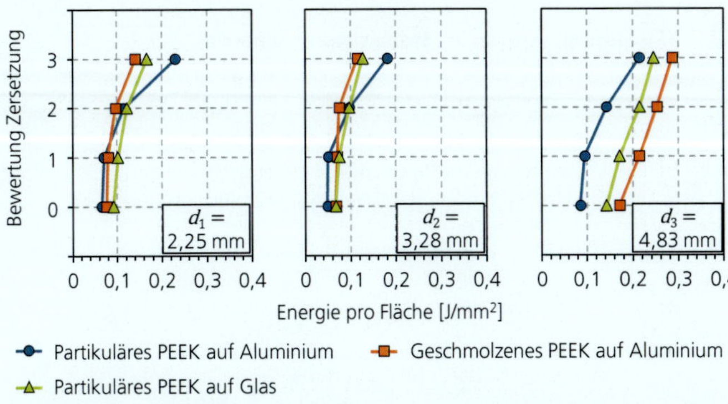

Für die Strahldurchmesser $d_1 = 2{,}25$ mm und $d_2 = 3{,}28$ mm ist die Zersetzung für partikuläres PEEK auf Aluminium, geschmolzenes PEEK auf Aluminium und partikuläres PEEK auf Glas ab einer Energie pro Fläche im Bereich 0,06 J/mm² bis 0,09 J/mm² zu beobachten. Beim Strahldurchmesser $d_3 = 4{,}83$ mm ist der Grad der Zersetzung abhängig von der Kombination aus PEEK und Substratmaterial. Beim partikulärem PEEK auf Aluminium ist die Zersetzung ab ca. 0,09 J/mm², bei partikulärem PEEK auf Glas ab ca. 0,14 J/mm² und bei geschmolzenem PEEK auf Aluminium ab ca. 0,17 J/mm² zu beobachten.

Zwar sind erste Zersetzungen für die Strahldurchmesser $d_1 = 2{,}25$ mm und $d_2 = 3{,}28$ mm in einem ähnlichen Bereich zu erkennen, da aber die Zersetzung beim Strahldurchmesser $d_3 = 4{,}83$ mm erst bei größeren Energien pro Fläche eintritt, ist davon auszugehen, dass kein genereller Grenzwert bezüglich der Energie pro Fläche existiert. Eine mögliche Ursache dafür ist, dass z. B. eine Verkleinerung der Vorschubgeschwindigkeit bei gleichzeitiger Vergrößerung der Strahlungsintensität zwar eine gleichbleibende Energie pro Fläche aufweist, die Interaktionszeit zwischen Laserstrahlung und einem einzelnen PEEK-Partikel jedoch vergrößert wird. Das könnte dazu führen, dass die lokale heiße Stelle am PEEK-Partikel mehr Zeit hat abzukühlen und insgesamt mehr Energie benötigt wird, um die Zersetzungstemperatur zu überschreiten.

Da kein eindeutiger Grenzwert bezüglich der Energie pro Fläche identifiziert wird, wird für die Simulation der Temperaturverteilung in Kapitel 6.4 die in Tabelle 5 dargestellten minimal möglichen Vorschubgeschwindigkeiten definiert, ab welchen keine Zersetzung der PEEK-Schichten auf laservorbehandelten Aluminiumsubstraten entstehen.

Tabelle 5: Definierte Grenzwerte der Vorschubgeschwindigkeiten für die Simulation der Temperaturverteilung

	$d_1 = 2{,}25$ mm	$d_2 = 3{,}28$ mm	$d_3 = 4{,}83$ mm
Partikuläres PEEK	2800 mm/s	2600 mm/s	1000 mm/s
Geschmolzenes PEEK	2400 mm/s	1800 mm/s	500 mm/s

6.3 Strahlpropagation im Beschichtungsmaterial

Zur Identifizierung der Oberflächentemperatur auf dem Substrat mittels Simulation ist die Kenntnis über den vorliegenden Laserstrahldurchmesser auf der Substratoberfläche entscheidend. Da bei der Propagation der Diodenlaserstrahlung durch die partikuläre Schicht eine Streuung der Strahlung stattfindet, wird im folgenden Kapitel diese Strahlaufweitung untersucht.

Der in Bild 44 dargestellte Versuchsaufbau wird für die Untersuchung der Aufweitung der Laserstrahlung beim Durchgang durch eine partikuläre PEEK-Schicht verwendet.

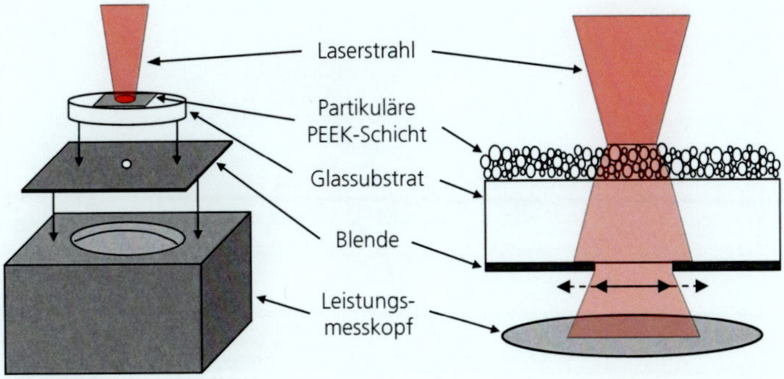

Bild 44:
Schema des Versuchsaufbaus zur Bestimmung der Strahlaufweitung des Vorheizlasers beim Durchgang durch eine partikuläre PEEK-Schicht

Die partikuläre PEEK-Dispersion wird mittels des Dispensverfahrens auf ein Quarzglassubstrat mit der Dicke 2 mm aufgebracht ($h_{trocken} \approx (63{,}8 \pm 0{,}2)$ µm). Das beschichtete Quarzglassubstrat wird zusammen mit einer Blende (Dicke: 100 µm) auf den Leistungsmesskopf „PM300F-50" von Coherent Inc. positioniert. Der Laserstrahl wird auf die PEEK-Oberfläche gerichtet. Für die drei vorher definierten Laserstrahldurchmesser ($d_1 = 2{,}25$ mm, $d_2 = 3{,}28$ mm und $d_3 = 4{,}83$ mm) wird bei einer Dauerbelichtung schrittweise die Laserleistung erhöht, bis eine Zersetzung des PEEKs eintritt. Die Laserleistung knapp unter diesem Grenzwert wird für die nachfolgenden Versuche verwendet. Für d_1 wird die Leistung 15,7 W, für d_2 33,5 W und für d_3 70,2 W verwendet.

Zuerst wird die durch die PEEK-Schicht transmittierte Laserleistung ohne Blende mittels des Leistungsmesskopfes für die Strahldurchmesser $d_{1\text{-}3}$ gemessen. Anschließend wird die Blende zwischen Glassubstrat und Leistungsmesskopf eingebaut. Während der Untersuchungen wird der Durchmesser der Blende variiert (1 – 10 mm) und die gemessene Leistung dokumentiert. In Bild 45 ist der geometrische Zusammenhang zur Berechnung des durch die Streuung vergrößerten Strahldurchmessers hinter der PEEK-Schicht $d_{1\text{-}3,PEEK}$ dargestellt. Für die Abschätzung des Strahldurchmessers wird aufgrund der nicht Eindeutigkeit des für die partikuläre PEEK-Schicht anzunehmenden Brechungsindexes (Mischung aus PEEK und Luft) das Snellius'sche Brechungsgesetz am Übergang zwischen PEEK-Schicht und Glassubstrat nicht berücksichtigt.

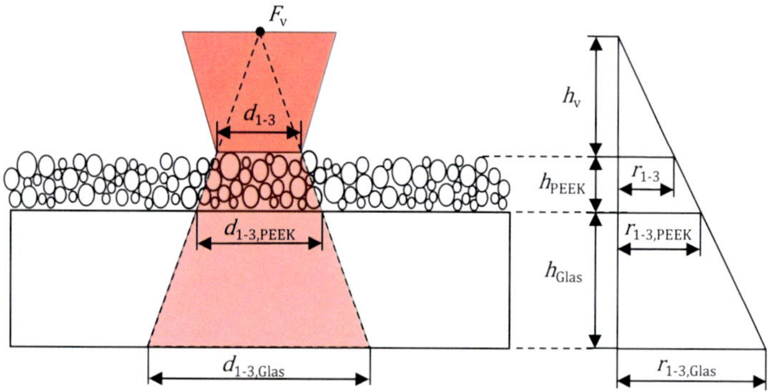

Bild 45: Schematische Darstellung zur Abschätzung des Laserstrahldurchmessers der gestreuten Laserstrahlung hinter der PEEK-Schicht

Aufgrund des quadratischen Zusammenhangs zwischen Blendendurchmesser und der bestrahlten Blendenfläche, werden die gemessenen Leistungen in Abhängigkeit des Blendendurchmessers mit einer quadratischen Funktion angenähert. Der Durchmesser, an der die Funktion den Bereich schneidet, der 86,5 % der gemessenen Leistung ohne Blende entspricht, wird als Laserstrahldurchmesser hinter dem Glassubstrat $d_{1\text{-}3,\mathrm{Glas}}$ (Radius: $r_{1\text{-}3,\mathrm{Glas}}$) abgeschätzt. [129; 130]

Mit dem Laserstrahldurchmesser auf der PEEK-Oberfläche $d_{1\text{-}3}$ (Radius: $r_{1\text{-}3}$) lässt sich der Abstand h_v zum virtuellen Fokus F_v der gestreuten Strahlung mittels des geometrischen Zusammenhangs

6.4
$$h_v = \frac{r_{1-3}(h_{PEEK} + h_{Glas})}{r_{1-3,Glas} - r_{1-3}}$$

basierend auf dem Strahlensatz bestimmen. Mittels h_v kann der Laserstrahldurchmesser hinter der PEEK-Schicht $d_{1\text{-}3,\mathrm{PEEK}}$ (Radius: $r_{1\text{-}3,\mathrm{PEEK}}$) mit

6.5
$$d_{1-3,PEEK} = 2 \cdot \frac{r_{1-3}(h_v + h_{PEEK})}{h_v}$$

abgeschätzt werden. Durch den Vergleich des Strahldurchmessers $d_{1\text{-}3}$ mit dem Strahldurchmessers $d_{1\text{-}3,\mathrm{PEEK}}$ wird die Reduzierung der Intensität aufgrund der Streuung bestimmt.

In Bild 46 – Bild 48 sind die gemessenen Leistungen der gestreuten Laserstrahlung hinter dem Glassubstrat in Abhängigkeit vom Blendendurchmesser für die Laserstrahldurchmesser $d_{1\text{-}3}$ dargestellt. Der Fehlerbalken der Leistung basiert auf Mehrfachmessung durch Neupositionierungen der Blenden unter dem Glassubstrat.

Bild 46:
Gemessene Leistungen der gestreuten Laserstrahlung hinter dem Glassubstrat in Abhängigkeit vom Blendendurchmesser für den Laserstrahldurchmesser d_1

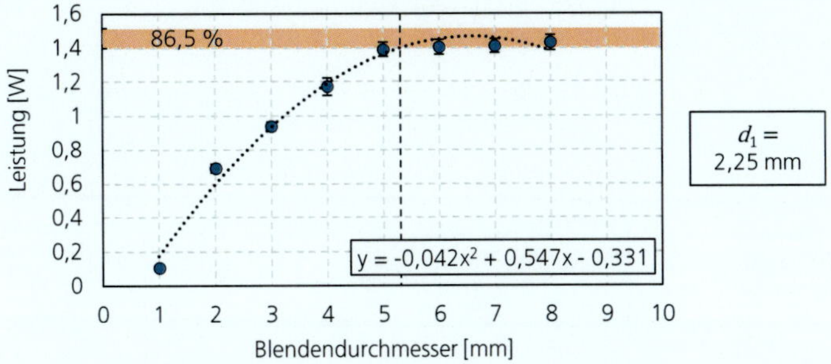

Bild 47:
Gemessene Leistungen der gestreuten Laserstrahlung hinter dem Glassubstrat in Abhängigkeit vom Blendendurchmesser für den Laserstrahldurchmesser d_2

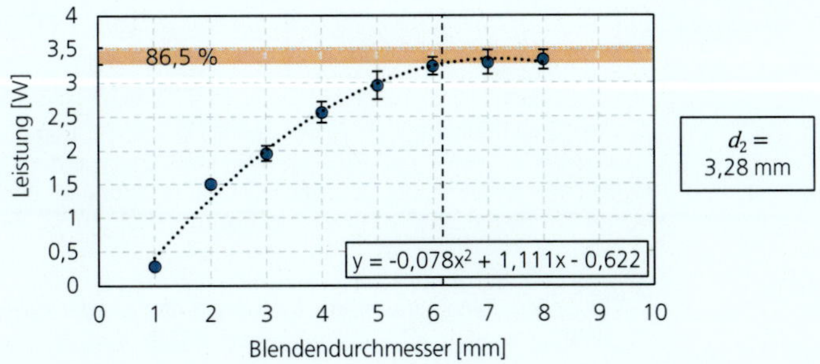

Bild 48:
Gemessene Leistungen der gestreuten Laserstrahlung hinter dem Glassubstrat in Abhängigkeit vom Blendendurchmesser für den Laserstrahldurchmesser d_3

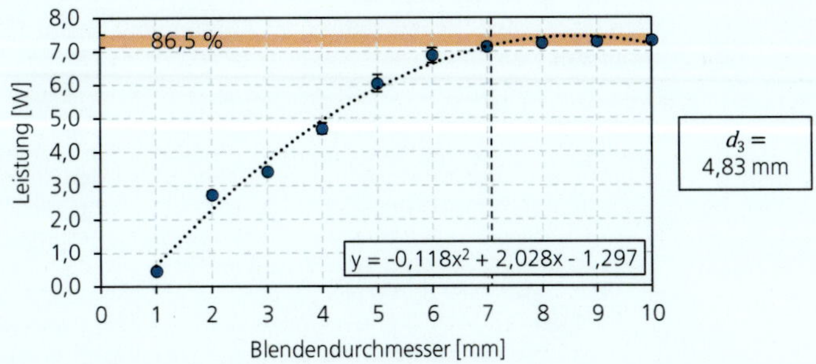

Für alle drei getesteten Strahldurchmesser $d_{1\text{-}3}$ ist eine Zunahme der gemessenen Leistung mit Vergrößerung des Blendendurchmessers zu erkennen. Diese Zunahme nimmt mit größerem Blendendurchmesser ab und nähert sich einem jeweiligen Endwert an. Für den Strahldurchmesser d_1 = 2,25 mm wird ein gestreuter Strahldurchmesser hinter dem Glassubstrat von $d_{1,\mathrm{Glas}}$ = 5,28 mm gemessen.

Für $d_2 = 3{,}28$ mm beträgt der gestreute Strahldurchmesser $d_{2,\mathrm{Glas}} = 6{,}08$ mm und für $d_3 = 4{,}83$ mm $d_{3,\mathrm{Glas}} = 7{,}03$ mm.

Die mittels der Formeln 6.1 und 6.2 abgeschätzten Strahldurchmesser sowie die Reduzierung der Intensität durch die streubedingte Strahlaufweitung hinter der PEEK-Schicht sind in Tabelle 6 dargestellt. Der Leistungsverlust durch Berücksichtigung des Transmissionsgrades ist hier noch nicht einbezogen.

Tabelle 6: Ermittelte Strahlaufweitung und Reduzierung der Intensität nach der Streuung durch die partikuläre PEEK-Schicht in Abhängigkeit des Strahldurchmessers

$d_{1\text{-}3}$	$d_{1\text{-}3,\mathrm{Glas}}$	h_V	$d_{1\text{-}3,\mathrm{PEEK}}$	**Reduzierung der Intensität hinter der PEEK-Schicht**
$d_1 =$ 2,25 mm	5,28 mm	1,53 mm	2,34 mm	7,7 %
$d_2 =$ 3,28 mm	6,08 mm	2,42 mm	3,37 mm	5,0 %
$d_3 =$ 4,83 mm	7,03 mm	4,53 mm	4,90 mm	2,7 %

Die Strahldurchmesser hinter der PEEK-Schicht betragen $d_{1,\mathrm{PEEK}} = 2{,}34$ mm, $d_{2,\mathrm{PEEK}} = 3{,}37$ mm und $d_{3,\mathrm{PEEK}} = 4{,}90$ mm. Durch die Vergrößerung des Strahldurchmessers wird die Intensität der Laserstrahlung für den Strahldurchmesser d_1 um 7,7 % verkleinert. Bei d_2 wird die Intensität um 5,0 % und bei d_3 um 2,7 % reduziert.

Für die Simulation der maximalen Temperatur auf der Substratoberfläche werden die abgeschätzten Strahldurchmesser nach der Streuung $d_{1,\mathrm{PEEK}} = 2{,}34$ mm, $d_{2,\mathrm{PEEK}} = 3{,}37$ mm und $d_{3,\mathrm{PEEK}} = 4{,}90$ mm verwendet. Da die LDV hinter der PEEK-Schicht nicht gemessen werden kann, wird für die Simulation eine gaußförmige LDV angenommen.

6.4 Simulation der Temperaturverteilung im Aluminiumsubstrat für die laserbasierten Zwei-Strahl-Ansätze

Die Bestimmung der Oberflächentemperatur des Substrates während der Laserbearbeitung ist mittels Pyrometrie nur eingeschränkt möglich, da sowohl Wärmestrahlung von der Substratoberfläche als auch von der PEEK-Schicht detektiert wird. Aus diesem Grund wird für die Bestimmung der Oberflächentemperatur des Substrates eine Simulation der Temperaturverteilung verwendet. Die Validierung der Simulation mittels experimenteller, laserbasierter Untersuchungen auf PEEK-beschichteten Aluminiumsubstraten ist ebenso aufgrund der Wärmestrahlung der PEEK-Schicht nur eingeschränkt möglich. Daher werden Simulation und experimentelle Überprüfung auf reinen, unbeschichteten Aluminiumsubstraten mit der Laservorbehandlung IR7 (siehe Tabelle 4) durchgeführt. Danach werden die Ergebnisse aus den vorherigen Kapiteln bezüglich des transmittierten Energieanteils durch die partikulären und geschmolzenen Schichten, der minimal notwendigen Vorschubgeschwindigkeit für eine zersetzungsfreie Aufheizung des Substrates, der Aufweitung des Laserstrahldurchmessers und des Absorptionsgrades der Substratoberfläche in die Simulation eingebunden. Dadurch können die Effekte der PEEK-Schicht auf die Aufheizung des Substrates nachgestellt werden. Mittels der Simulation wird die maximal erreichbare Temperatur auf der Substratoberfläche für beide Zwei-Strahl-Ansätze in Abhängigkeit vom Laserstrahldurchmesser abgeschätzt. Sonstige Materialparameter werden basierend auf Literaturdaten angenommen. Die Eingangsgrößen für die Simulation sind in Tabelle 7 dargestellt. Eine genaue Auflistung der temperaturabhängigen Materialeigenschaften von Aluminium EN AW-6082 ist im Anhang 11.5 zu finden.

Tabelle 7: Eingangsgrößen für die Simulation der Temperaturverteilung der beiden Zwei-Strahl-Ansätze

Inputparameter Simulation	Quelle	Transmission durch partikuläre PEEK-Schicht	Transmission durch geschmolzene PEEK-Schicht
Wärmeleitfähigkeit Aluminium (EN AW-6082) k	[115]	146 – 174 W/mK (temperaturabhängig)	146 – 174 W/mK (temperaturabhängig)
Wärmekapazität Aluminium (EN AW-6082) c_p	[115]	0,84 – 1,24 kJ/kgK (temperaturabhängig)	0,84 – 1,24 kJ/kgK (temperaturabhängig)
Dichte Aluminium (EN AW-6082) ρ	[115]	2,32 – 2,68 g/cm³ (temperaturabhängig)	2,32 – 2,68 g/cm³ (temperaturabhängig)
Absorptionsgrad Substratoberfläche A	Kapitel 5.1	59,5 %	59,5 %
Transmissionsgrad PEEK-Schicht T	Kapitel 6.1	16 – 20 %	90 – 93 %
Vorschub-geschwindigkeit v	Kapitel 6.2	1000 – 2800 mm/s (abhängig vom Strahldurchmesser)	500 – 2400 mm/s (abhängig vom Strahldurchmesser)
Strahldurchmesser d	Kapitel 6.3	2,36 mm; 3,38 mm; 4,90 mm	2,25 mm; 3,28 mm; 4,83 mm

Für die Simulation wird ein am Fraunhofer ILT entwickeltes Tool zur Modellierung von Temperaturfeldern verwendet. Dieses basiert auf der Lösung der transienten Wärmeleitungsgleichung

6.6

$$\frac{\partial(\rho \cdot c_p \cdot T)}{\partial t} = div(k \cdot grad(T))$$

c_p: Wärmekapazität
k: Wärmeleitfähigkeit
ρ: Dichte
T: Temperatur

mit der numerischen Methode der Finiten Elemente. Die thermophysikalischen Materialeigenschaften wie die Wärmeleitfähigkeit, die Wärmekapazität und die Dichte werden temperaturabhängig berücksichtigt (siehe Tabelle 7). Der Wärmeverlust durch Strahlung gemäß des Stefan-Boltzmann-Gesetzes [131] wird als

Randbedingung in dem Modell adressiert. Der Wärmeverlust durch Konvektion, d.h. Kontakt der Probe mit der Atmosphäre, wird nicht berücksichtigt, da keine Informationen bezüglich des Wärmeübergangskoeffizienten vorliegen. An den Außenrändern werden adiabatische Randbedingungen angenommen. Die numerische Zeitintegration wird nach dem halb impliziten Crank-Nicolson-Verfahren [132] durchgeführt. Im Bereich der Prozesszone ist die Kantenlänge der 8-Knoten-Hexaeder-Elemente so ausgelegt, dass die großen Temperaturgradienten auch abgebildet werden können. Die Kantenlängen der Finite Elemente werden mit zunehmendem Abstand zur Prozesszone vergrößert. Um den Einfluss der Oberflächenrauigkeit auf die Wärmeleitung in der Nähe der Oberfläche abzubilden, werden in einem oberflächennahen Bereich Finite Elemente mit angepasster Wärmeleitfähigkeit verwendet (8 % der ursprünglichen Wärmeleitfähigkeit an der Substratoberfläche, lineare Anpassung in Richtung der Substrattiefe bis zur ursprünglichen Wärmeleitfähigkeit in der Tiefe 50 µm). Die Thermalisierung der optischen Energie in das Substrat wird über eine Oberflächenquelle, wegen der im Verhältnis zur thermischen Eindringtiefe um Größenordnungen kleinere optischen Eindringtiefe, modelliert. Um die resultierenden, mit dem Pyrometer aufgenommenen Temperatur-Zeit-Verläufe mit Ergebnissen aus der Simulation vergleichen zu können, wird der Temperatur-Zeit-Verlauf nicht an einem Knotenpunkt des FEM-Netzes ausgegeben, sondern über einen Oberflächenbereich gemittelt, der der Größe des Messflecks des Pyrometers entspricht.

Der Versuchsaufbau für Simulation und Laserexperiment ist in Bild 49 dargestellt.

Bild 49:
Schema des Versuchsaufbaus für Simulation und Laserexperimente mit einer möglichen Temperaturverteilung im Aluminiumsubstrat

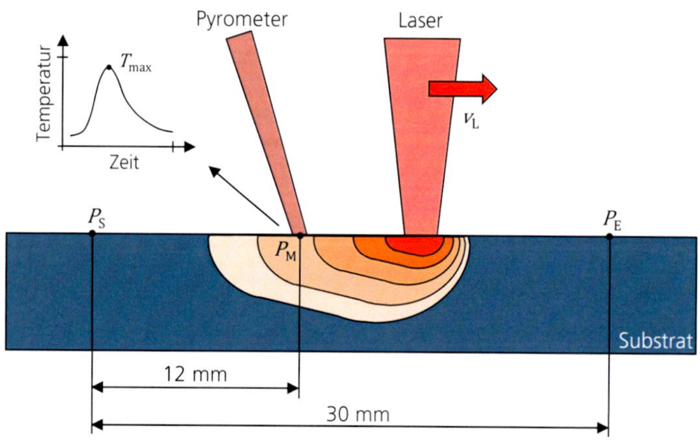

Als Substrat wird das Aluminiumsubstrat EN AW-6082 mit den Abmessungen 40 mm × 40 mm × 3 mm verwendet. Darauf wird die Strahlung des Diodenlasers LDM500 von Laserline GmbH in einer Einzelspur zwischen den Punkten P_S und P_E mit der Vorschubgeschwindigkeit v_L bewegt. Für die Validierung der Simulation werden die Laserstrahldurchmesser d_1, d_2 und d_3 aus Bild 38 verwendet. Für die Vorschubgeschwindigkeit v_L werden Geschwindigkeiten im Bereich 500 – 3000 mm/s mit einer Schrittweite von 500 mm/s eingesetzt. An der Position P_M wird die Oberflächentemperatur des Substrates mittels des Infrarot-Pyrometers „LPC04" von Dr. Mergenthaler GmbH im Einfarbenmodus gemessen. Der Messwellenlängenbereich beträgt $\lambda = 1650 - 2000$ nm und die Messrate 10 kHz. Der Durchmesser des Pyrometerspots ist ca. 1 mm. Die gemessenen Temperatur-Zeit-Verläufe während der Laserversuche werden durch ein Oszilloskop aufgenommen. Durch die Limitierungen von Pyrometer und Oszilloskop (gemessener Temperaturbereich des Pyrometers, Schwelle für automatischen Trigger des Oszilloskops) werden nur Werte für Temperaturen größer als 280 °C gemessen. Die gemessenen Temperaturen werden im Anschluss anhand einer Kalibrierkurve angepasst: Für die Kalibrierkurve wird das Substrat mittels Heizplatte schrittweise aufgeheizt. Die mittels Pyrometer gemessene Temperatur der Substratoberfläche wird der mittels Kontaktthermometer („51II" von Fluke GmbH) gemessenen Temperatur gleichgesetzt. Für die Auswertung der Simulations- und Versuchsergebnisse wird die maximal erreichte Temperatur T_{max} im gemessenen Temperatur-Zeit-Verlauf verwendet (siehe Bild 49).

In Bild 50 sind die korrigierten, maximalen Temperaturen T_{max} von Simulation und Laserversuchen in Abhängigkeit vom Laserstrahldurchmesser d_{1-3} und der Vorschubgeschwindigkeit v_L dargestellt. Teilweise werden bei Vorschubgeschwindigkeiten von ≥ 2000 mm/s keine Temperatur-Zeit-Verläufe im Laserexperiment gemessen, da die erzielten Temperaturen unter der Triggergrenze des Oszilloskops (280 °C) liegen. Der Fehler auf die Temperatur ist die Standardabweichung von sechs Einzelmessungen.

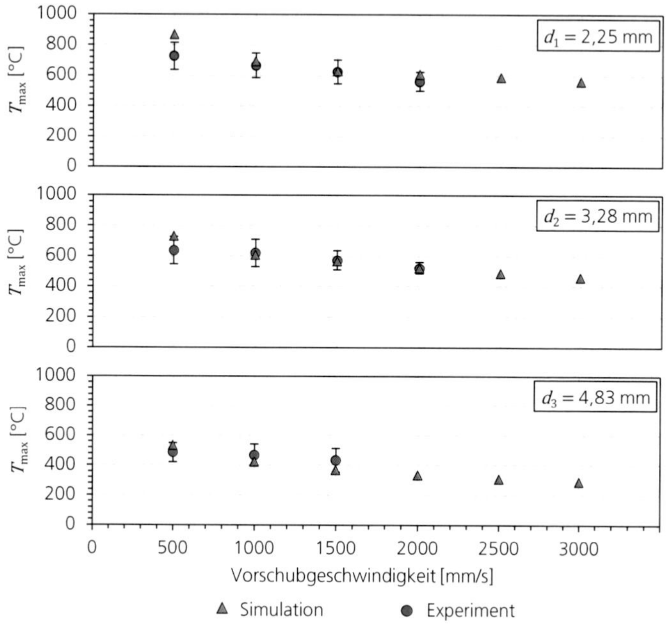

Bild 50: Validierung des Simulationsmodells anhand des Vergleiches mit den experimentellen Untersuchungen: Erzielte max. Temperatur in Abhängigkeit von Laserstrahldurchmesser und Vorschubgeschwindigkeit

Bei allen drei Strahldurchmessern nimmt die Temperatur T_{max} sowohl in der Simulation als auch im Experiment mit steigender Vorschubgeschwindigkeit ab. Ebenso nimmt die Temperatur mit Vergrößerung des Laserstrahldurchmessers ab. Die Temperatur T_{max} der Simulation liegt für fast alle Vorschubgeschwindigkeiten innerhalb der Standardabweichung der Experimente. Lediglich bei v_L = 500 mm/s werden bei dem Laserstrahldurchmesser d_1 Maximaltemperaturen außerhalb der Standardabweichung simuliert.

Die mit dem Modell ermittelten Temperaturen bei der Behandlung unbeschichteter Aluminiumsubstrate sind mit den experimentell bestimmten Temperaturen vereinbar. Aus diesem Grund wird die Simulation für die Abschätzung der maximalen Oberflächentemperatur für die laserbasierten Zwei-Strahl-Ansätze als geeignet angesehen.

Die Ergebnisse der vorherigen Kapitel werden nun entsprechend Tabelle 7 für die partikuläre und geschmolzene PEEK-Schicht in die Simulation eingebunden. Die Ergebnisse sind in Tabelle 8 dargestellt:

Tabelle 8: Simulierte max. erreichbare Temperaturen auf der Substratoberfläche für beide Zwei-Strahl-Ansätze

	Laserstrahl-durchmesser	Trans-missionsgrad PEEK	Vorschub-geschwindigkeit	max. Temperatur Substratoberfläche
Transmission durch partikuläre PEEK-Schicht	$d_{1,PEEK}$ = 2,34 mm	16 %	2800 mm/s	150,9 °C
		20 %	2800 mm/s	178,1 °C
	$d_{2,PEEK}$ = 3,37 mm	16 %	2600 mm/s	128,0 °C
		20 %	2600 mm/s	150,2 °C
	$d_{3,PEEK}$ = 4,90 mm	16 %	1000 mm/s	113,6 °C
		20 %	1000 mm/s	132,7 °C
Transmission durch geschmolzene PEEK-Schicht	d_1 = 2,25 mm	90 %	2400 mm/s	559,9 °C
		93 %	2400 mm/s	571,5 °C
	d_2 = 3,28 mm	90 %	1800 mm/s	504,8 °C
		93 %	1800 mm/s	516,2 °C
	d_3 = 4,83 mm	90 %	500 mm/s	495,8 °C
		93 %	500 mm/s	506,8 °C

Für die Transmission durch die partikuläre PEEK-Schicht werden maximale Oberflächentemperaturen im Bereich 113,6 °C – 178,1 °C mit dem Modell ermittelt. Die maximalen Temperaturen nehmen mit einer Zunahme des Laserstrahldurchmessers ab. Die größte Temperatur für die Transmission durch die partikuläre PEEK-Schicht liegt mit 178,1 °C bei einem Strahldurchmesser von $d_{1,PEEK}$ = 2,34 mm vor. Für die Transmission durch die geschmolzene PEEK-Schicht werden Temperaturen im Bereich 495,8 °C – 571,5 °C ermittelt. Die maximalen Temperaturen nehmen auch hier mit einer Zunahme des Laserstrahldurchmessers ab. Die größte Temperatur für die Transmission durch die geschmolzene PEEK-Schicht beträgt 571,5 °C beim Strahldurchmesser d_1 = 2,25 mm.

Die Ergebnisse deuten darauf hin, dass unter den in dieser Untersuchung verwendeten Bedingungen die notwendige Oberflächentemperatur von mindestens 260 °C auf der Substratoberfläche (siehe Kapitel 5.5) nicht mit der Transmission von Diodenlaserstrahlung durch die partikuläre PEEK-Schicht mit einer einzelnen Überfahrt (Aufheizzeit: < 0,1 s) erreicht werden kann (max. 178,1 °C). Zur Erreichung von Oberflächentemperaturen des Substrates von über 260 °C müssen daher alternative Bearbeitungsstrategien verwendet werden, wie z. B. das Aufheizen des gesamten Substrates mit mehreren Überfahrten der Diodenlaserstrahlung und eventuell damit einhergehendem, größerem Härteverlust im Substrat.

Für den Fall der Transmission durch die geschmolzene PEEK-Schicht werden größere Oberflächentemperaturen ermittelt (495,8 °C – 571,5 °C). Die simulierten Temperaturen liegen über der Schmelztemperatur von PEEK (T_M = 340 °C [19]). Das bedeutet, dass der Zwei-Strahl-Ansatz mit einer Transmission durch die geschmolzene PEEK-Schicht umgesetzt werden könnte.

Zusammenfassend ist nach den Ergebnissen der Simulation die Aufheizung der Substratoberfläche mit einer einzelnen Überfahrt (Aufheizzeit: < 0,1 s) auf über 260 °C nur für den Ansatz der Transmission der Diodenlaserstrahlung durch die geschmolzene PEEK-Schicht möglich. Aus diesem Grund wird dieser Ansatz als am erfolgversprechendsten für die laserbasierte PEEK-Beschichtung mit einem möglichst kleinen Härteverlust im Substrat untersucht. Für die Aufheizung der Substratoberfläche über 260 °C mit der Transmission durch die partikuläre PEEK-Schicht wird eine alternative Bearbeitungsstrategie mit mehreren Überfahrten (Aufheizzeit: > 1 s) untersucht.

7 Laserverfahrensentwicklung der Zwei-Strahl-Ansätze

In diesem Kapitel werden Entwicklung und Umsetzung der Bearbeitungsstrategien für die Zwei-Strahl-Ansätze beschrieben. Diese Ansätze beinhalten das Schmelzen einer partikulären PEEK-Schicht auf einem laservorbehandelten Aluminiumsubstrat mittels CO_2-Laserstrahlung ($\lambda = 10600$ nm) bei

1. einer nachgeschalteten laserbasierten Aufheizung der Substratoberfläche mit Transmission von Diodenlaserstrahlung ($\lambda = 980$ nm) durch die schon geschmolzene PEEK-Schicht mit einer einzelnen Überfahrt (Aufheizzeit: < 0,1 s).

2. einer vorgeschalteten laserbasierten Aufheizung der Substratoberfläche mit Transmission von Diodenlaserstrahlung ($\lambda = 980$ nm) durch die noch partikuläre PEEK-Schicht mit mehreren Überfahrten (Aufheizzeit: > 1 s).

Nach der experimentellen Durchführung folgt die Charakterisierung der funktionalen Schicht- und Substrateigenschaften (Verbundfestigkeit, Dichte und Substrathärte). Zudem werden verschiedene Laserstrahlquellen und Bearbeitungsstrategien bei der Substrataufheizung evaluiert, um die Bearbeitungszeit und den Härteverlust im Substrat so klein wie möglich zu halten.

7.1 Zwei-Strahl-Ansatz: Nachgeschaltete Substrataufheizung durch geschmolzene PEEK-Schicht

In Kapitel 6.4 werden die Ergebnisse der Simulation der Maximaltemperatur auf der Substratoberfläche während der Aufheizung mittels Diodenlaserstrahlung durch die geschmolzene PEEK-Schicht beschrieben. Diese zeigen, dass eine kurzzeitige Aufheizung der Substratoberfläche auf die minimale Temperatur (260 °C), welche für eine Verbundfestigkeit zwischen PEEK und Substrat von > 5 MPa notwendig ist, möglich ist. Daher wird der entsprechende Zwei-Strahl-Ansatz nun experimentell betrachtet, mit dem Ziel, PEEK-Einzelspuren unter Verwendung beider Laserstrahlquellen haftfest zu schmelzen.

Zuerst muss dazu die partikuläre PEEK-Schicht vollständig über die gesamte Schichtdicke mittels CO_2-Laserstrahlung aufgeschmolzen werden. Nachgeschaltet muss die geschmolzene PEEK-Schicht mittels Transmission von Diodenlaserstrahlung mit dem Substrat verbunden werden. In Kapitel 6.2 sind dazu die minimal möglichen Vorschubgeschwindigkeiten der Diodenlaserstrahlung, in Abhängigkeit vom Strahldurchmesser, für die Aufheizung durch die geschmolzene PEEK-Schicht bestimmt worden. Daher gilt es zunächst zu untersuchen, ob die partikuläre PEEK-Schicht mittels CO_2-Laserstrahlung – ohne Substrataufheizung mittels Diodenlaserstrahlung – auch bei diesen minimalen Vorschubgeschwindigkeiten geschmolzen werden kann.

7.1.1 Experimentelle Untersuchung zum Schmelzen partikulärer PEEK-Schichten mittels CO_2-Laserstrahlung

Für die Einzelspurversuche wird der CO_2-Laser „LCM" von EL.EN S.p.A. Electronic Engineering mit einer maximalen Ausgangsleistung von 1,5 kW (Leistungsmessung in Anhang 11.6, Bild 73) und einer gaußförmigen Intensitätsverteilung verwendet. Der Laserstrahl wird mittels eines Scanners („HurryScan30" von Scanlab GmbH) in einer Spur von 40 mm Länge über die partikuläre PEEK-Schicht geführt. Als Substratmaterial werden die Aluminiumbleche (EN AW-6082) mit den Abmessungen 40 mm × 40 mm × 3 mm verwendet, die entsprechend Kapitel 5.5 (IR7, Tabelle 4) laservorbehandelt und entsprechend Kapitel 4.3 (siehe Tabelle 17, Mischungsverhältnis 1:3) beschichtet sind. Es werden drei zur Diodenlaserstrahlung ähnliche Strahldurchmesser (siehe Tabelle 9) gewählt. Außerdem werden entsprechend dem Strahldurchmesser die minimal möglichen Vorschubgeschwindigkeiten aus Kapitel 6.2 der Diodenlaserstrahlung verwendet (siehe Tabelle 9). Die Laserleistung wird schrittweise erhöht, um geeignete Parameter für das Laserschmelzen zu identifizieren. Die Schrittweite ist dabei von der Anzahl der eingeschalteten Netzteile des Lasers und der prozentualen Leistungsvorgabe abhängig (siehe Anhang 11.6, Bild 73). Die verwendeten Laserverfahrensparameter sind in Tabelle 9 dargestellt.

Tabelle 9: Laserparameter für die Einzelspurversuche beim Laserschmelzen von PEEK mittels CO_2-Laserstrahlung ohne Vorheizung

Strahldurchmesser	Vorschub-geschwindigkeit	Laserleistung
ca. 2,5 mm	2400 mm/s	140 – 756 W
ca. 3,5 mm	1800 mm/s	140 – 756 W
ca. 5,0 mm	500 mm/s	140 – 756 W

In Bild 51 sind die Ergebnisse der Einzelspurversuche zum Laserschmelzen der partikulären PEEK-Schichten mittels CO_2-Laserstrahlung ohne Substratvorheizung dargestellt. Die Spuren werden visuell bezüglich ihres Schmelz- und Zersetzungsgrades anhand der in Bild 51 dargestellten Kategorien bewertet. Dabei wird zwischen einem kleinen Aufschmelzgrad der Schicht (anteilsmäßiges Aufschmelzen der PEEK-Schicht), einem großen Aufschmelzgrad (nahezu vollständige Aufschmelzung über die gesamte Schichtdicke), einem kleinen Zersetzungsgrad (anteilsmäßiges Zersetzen der PEEK-Schicht) und einem großen Zersetzungsgrad (nahezu vollständiges Zersetzen der PEEK-Oberfläche entlang der Bearbeitungsspur) unterschieden.

Bild 51: Bewertung des Schmelz- und Zersetzungsverhaltens der mittels CO_2-Laserstrahlung bearbeiteten PEEK-Einzelspuren

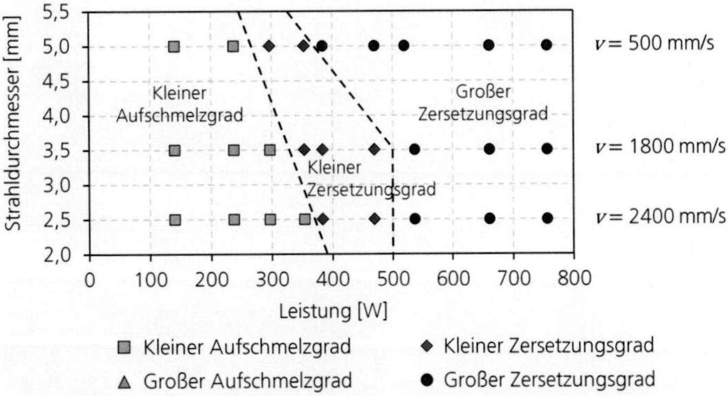

Für den Laserstrahldurchmesser 5 mm ($v = 500$ mm/s) ist unterhalb von ca. 297 W ein kleiner Aufschmelzungsgrad auf der Oberfläche der partikulären PEEK-Schicht zu beobachten. Oberhalb von 297 W sind erste Zersetzungen der Schicht zu erkennen. Diese nehmen mit Vergrößerung der Leistung zu. Ab 383 W ist die PEEK-Schicht durchgehend zersetzt. Ein Parametersatz, mit dem eine vollständige Aufschmelzung der PEEK-Schicht über die gesamte Schichtdicke ohne Zersetzung erreicht werden kann, wird nicht identifiziert. Für die beiden anderen Laserstrahldurchmesser wird ebenfalls kein Zustand vollständiger Aufschmelzung, vor einer auftretenden Zersetzung, erreicht. Für den Laserstrahldurchmesser 3,5 mm ($v = 1800$ mm/s) ist ein kleiner Zersetzungsgrad ab der Leistung 354 W und ein großer Zersetzungsgrad ab 536 W zu beobachten. Für den Laserstrahldurchmesser 2,5 mm ($v = 2400$ mm/s) ist ein kleiner Zersetzungsgrad bei der Leistung 383 W und ein großer Zersetzungsgrad bei 536 W zu erkennen.

In Bild 52 sind Bildaufnahmen der drei Oberflächenzustände „kleiner Aufschmelzgrad", „kleiner Zersetzungsgrad" und „großer Zersetzungsgrad" der partikulären PEEK-Schicht nach der Bearbeitung mittels CO_2-Laserstrahlung bei dem Laserstrahldurchmesser 3,5 mm ($v = 1800$ mm/s) dargestellt.

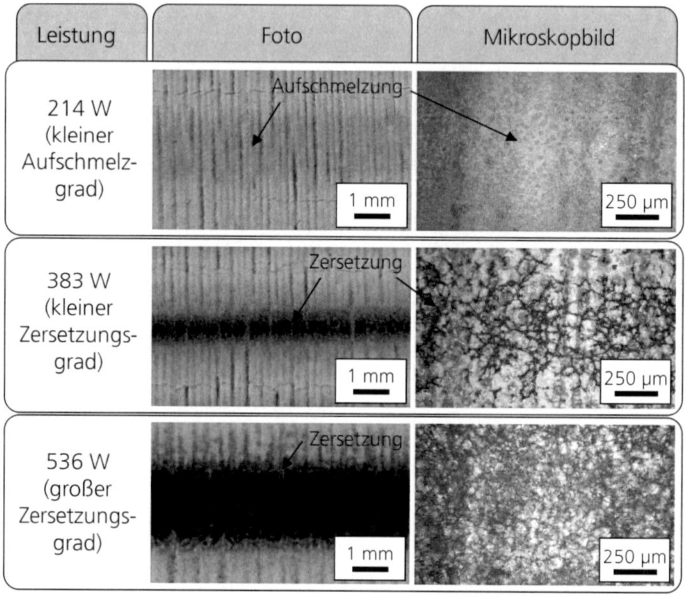

Bild 52: Bildaufnahmen (Aufsicht) der PEEK-Oberfläche nach der Bearbeitung mittels CO_2-Laserstrahlung bei dem Strahldurchmesser 3,5 mm (v = 1800 mm/s) in Abhängigkeit der Laserleistung

Die Ergebnisse deuten darauf hin, dass die CO_2-Laserstrahlung in der PEEK-Schicht absorbiert wird und zur Aufschmelzung der Schicht führt. Dennoch tritt eine Zersetzung der PEEK-Oberfläche ein, bevor die Schicht über die gesamte Schichtdicke aufgeschmolzen ist. Das ist mit den optischen Eigenschaften von PEEK (siehe Kapitel 2.2.3) zu erklären: PEEK besitzt bei λ = 10600 nm einen großen Absorptionsgrad (ca. 90 % bei einer 100 µm dicken PEEK-Folie). Entsprechend des Lambert-Beer'schen Gesetzes ist der absorbierte Energieanteil auf der PEEK-Oberfläche am größten und nimmt über die Schichtdicke ab. Deshalb entsteht ein Temperaturgradient über die Schichtdicke. Zudem wird aufgrund der kleinen Wärmeleitfähigkeit von partikulärem PEEK die Wärme nur langsam von der Schichtoberfläche in Richtung des Substrates geleitet. Die Versuchsergebnisse deuten darauf hin, dass in diesem Fall der Absorptionsgrad des PEEKs so groß ist, dass die Zersetzungstemperatur (T_Z = 450 – 454 °C [11; 128]) auf der PEEK-Oberfläche erreicht ist, bevor die Schmelztemperatur (T_M = 340 °C [19]) beim PEEK nahe der Substratoberfläche erreicht ist. Ein gleichmäßiges Aufschmelzen der PEEK-Schicht über die gesamte Schichtdicke mittels CO_2-Laserstrahlung ist in der hier geprüften Konstellation nicht möglich.

Um trotzdem den Zwei-Strahl-Ansatz mit der laserbasierten Aufheizung durch die geschmolzene PEEK-Schicht durchzuführen, wird zunächst eine alternative Bearbeitungsstrategie zum Schmelzen der partikulären PEEK-Schicht mittels CO_2-Laserstrahlung ohne die Aufheizung mittels Diodenlaserstrahlung untersucht. Bei dieser Bearbeitungsstrategie wird die Vorschubgeschwindigkeit der CO_2-Laserstrahlung reduziert, um eine gleichmäßigere Aufschmelzung über die komplette

Schichtdicke zu gewährleisten. Dadurch ist jedoch keine synchrone Bearbeitung (gleiche Vorschubgeschwindigkeit) zwischen Dioden- und CO_2-Laserstrahlung möglich, wodurch die Diodenlaserstrahlung die PEEK-Schicht in einem zweiten, separaten und somit zeitverzögerten Schritt mit dem Substrat verbinden muss (siehe Kapitel 7.1.2). Mit der in der vorherigen Untersuchung verwendeten CO_2-Laserstrahlung tritt beim Schmelzen der PEEK-Schicht jedoch eine Delamination der PEEK-Einzelspuren auf, sodass eine Transmission der Diodenlaserstrahlung durch die Schicht in einem separaten Schritt nicht möglich ist. Daher wird die Strahlung eines anderen CO_2-Lasers mit kleinerem Strahldurchmesser verwendet (ca. 1 mm mit gaußförmiger Intensitätsverteilung). Mit dieser wird ein Bereich von 30 mm × 1,2 mm mit mehreren schmalen Einzelspuren mäanderförmig und unter Variation des Spurabstandes d_y geschmolzen, um die Wahrscheinlichkeit einer Delamination zu reduzieren. In Bild 53 ist die Bearbeitungsstrategie für das Schmelzen der PEEK-Schicht mittels CO_2-Laserstrahlung ohne Aufheizung des Substrates mittels Diodenlaserstrahlung dargestellt.

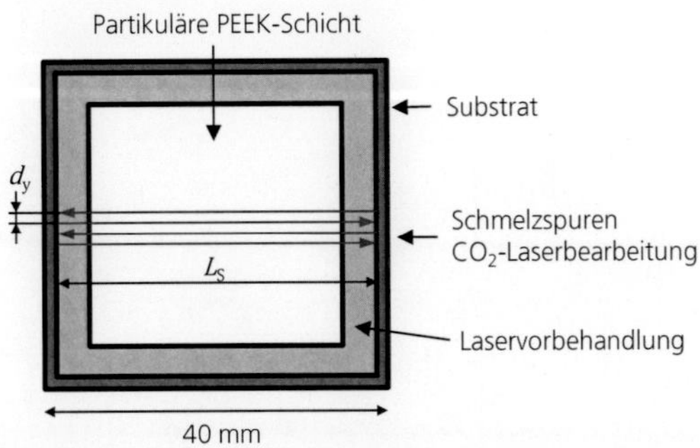

Bild 53: Alternative Bearbeitungsstrategie zum Schmelzen partikulärer PEEK-Schichten mit Mehrfachspuren für den Zwei-Strahl-Ansatz (Transmission durch geschmolzene PEEK-Schicht)

Für die experimentelle Untersuchung wird die Strahlung des modulierten CO_2-Lasers „Firestar V30" von Synrad Inc. mit einer maximalen Ausgangsleistung von 32 W und einer Repetitionsrate von 10 kHz verwendet (Leistungsmessung im Anhang 11.6, Bild 71). Dabei werden die gemittelten Ausgangsleistungen 5 W, 10 W und 15 W (Pulsbreiten: 8 µs, 15 µs und 26 µs), die Vorschubgeschwindigkeiten 50 mm/s, 100 mm/s und 150 mm/s und die Spurabstände 0,2 mm, 0,4 mm und 0,6 mm variiert. Die Spurlänge L_s beträgt gleichbleibend 38 mm.

In Bild 54 sind die Ergebnisse der experimentellen Untersuchung zum Schmelzen der PEEK-Schicht mittels CO_2-Laserstrahlung dargestellt. Die hergestellten Flächen werden bezüglich des Aufschmelz-/Zersetzungsgrades entsprechend Bild 51 (kleiner Aufschmelzgrad, großer Aufschmelzgrad, Zersetzung) und der Delamination der Schicht (Delamination, kleine Delamination, keine Delamination)[12] bewertet. Das Ziel sind Schichten mit großem Aufschmelzgrad sowie keiner bis kleiner Delamination herzustellen.

12 Als Delamination wird bei diesen experimentellen Untersuchungen der Zustand beschrieben, bei welchem sich die PEEK-Schicht während des Schmelzvorgangs von der Substratoberfläche eigenständig ablöst. Bei einer kleinen Delamination tritt dieser Zustand nur in einem kleinen Bereich (< 5 mm) am Ende der Bearbeitungsspur auf.

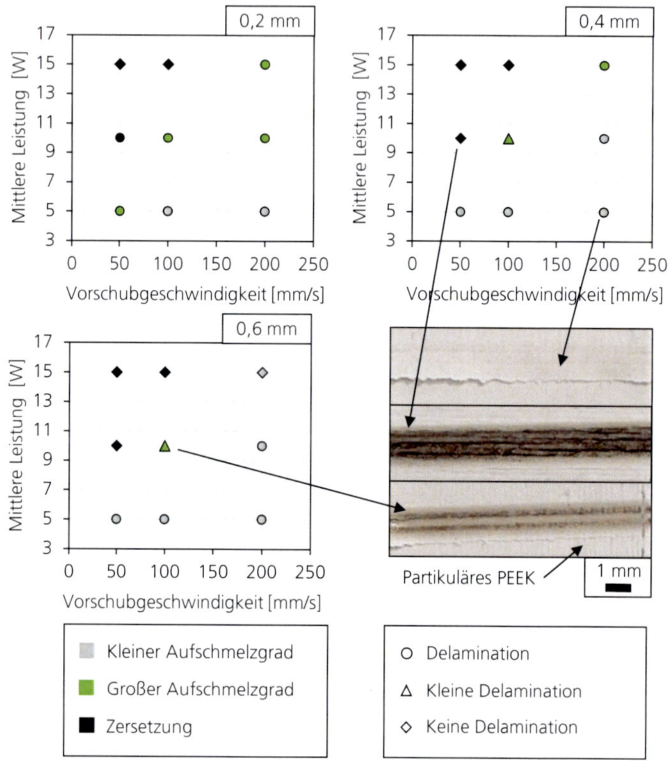

Bild 54: Bewertung des Schmelz- und Zersetzungsverhaltens sowie der Delamination der mittels CO_2-Laserstrahlung bearbeiteten PEEK-Schichten mit Mehrfachspuren

Für den Spurabstand 0,2 mm sind Schichten mit großem Aufschmelzgrad bei der Leistung 5 W mit der Vorschubgeschwindigkeit 50 mm/s, bei 10 W mit 100 mm/s und 200 mm/s und bei 15 W mit 200 mm/s zu erkennen. Alle Schichten mit großem Aufschmelzgrad weisen eine Delamination von der Substratoberfläche auf. Für den Spurabstand 0,4 mm sind Schichten mit großem Aufschmelzgrad bei 10 W mit 100 mm/s und bei 15 W mit 200 mm/s erkennbar. Bei dem Parameter 10 W mit 100 mm/s ist nur eine kleine Delamination am Rand der PEEK-Schicht vorhanden. Für den Spurabstand 0,6 mm ist ein großer Aufschmelzgrad nur bei 10 W mit 10 mm/s sichtbar. Bei diesen Parametersatz ist auch nur eine kleine Delamination am Rand der PEEK-Schicht vorhanden.

Durch die Vergrößerung der Energie pro Fläche (Vergrößerung der Laserleistung oder Verkleinerung der Vorschubgeschwindigkeit) wird bei allen Spurabständen der Aufschmelzgrad der Schicht vergrößert. Jedoch führt eine weitere Vergrößerung der Energie pro Fläche zu einer Zersetzung der Schicht. Durch die Vergrößerung des Spurabstandes wird die Wahrscheinlichkeit einer Delamination verkleinert, vermutlich weil sich die Laserbearbeitungsspuren weniger beeinflussen und somit ein Aufwälzen der Schicht verhindert wird. Nur jeweils eine Parameterkombination bei dem Spurabstand 0,4 mm und 0,6 mm weist einen großen Aufschmelzgrad und eine kleine Delamination der Schicht auf. Zwar werden bei beiden Parametersätzen große Aufschmelzgrade festgestellt, dennoch ist die Aufschmelzung ungleichmäßig zwischen der Mitte und den Zwischenräumen der Bearbeitungsspuren. Deshalb muss davon ausgegangen werden, dass sich die optischen Eigenschaften der geschmolzenen Schichten von den in Kapitel 6 identifizierten Eigenschaften einer homogen geschmolzenen Schicht unterscheiden könnten. Für die Umsetzung des Zwei-Strahl-Ansatzes wird der Parametersatz mit dem Spurabstand 0,6 mm (Leistung: 10 W, Vorschubgeschwindigkeit: 100 mm/s) ausgewählt, da dieser von den hergestellten Schichten mit großen Aufschmelzgraden die kleinste Delamination aufweist.

Im folgenden Kapitel wird nun der Zwei-Strahl-Ansatz mit alternativer Bearbeitungsstrategie für das Schmelzen der partikulären PEEK-Schicht mittels CO_2-Laserstrahlung und dem Aufheizen der Substratoberfläche durch die geschmolzene PEEK-Schicht mittels Diodenlaserstrahlung untersucht.

7.1.2 Experimentelle Untersuchung des Zwei-Strahl-Ansatzes

Bei der folgenden Untersuchung des Zwei-Strahl-Ansatzes findet das Aufheizen der Substratoberfläche mittels Diodenlaserstrahlung nicht – wie ursprünglich geplant – synchron mit dem Schmelzen mittels CO_2-Laserstrahlung statt, sondern in einem zweiten, separaten und somit zeitverzögerten Schritt. In Bild 55 ist die Bearbeitungsstrategie für die Laserversuche dargestellt.

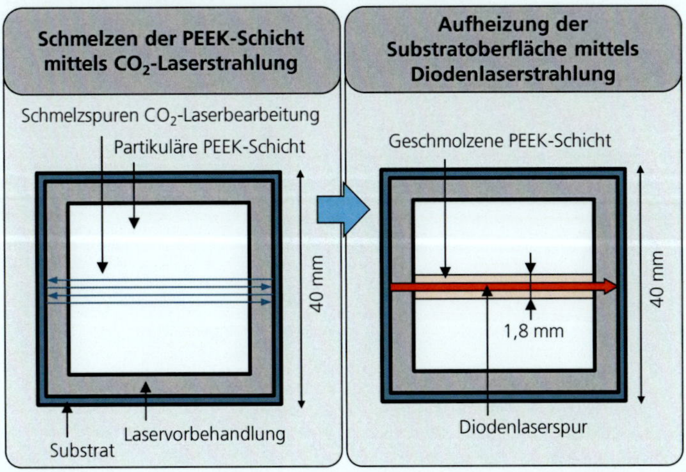

Bild 55: Bearbeitungsstrategie für das Schmelzen partikulärer PEEK-Schichten mittels Zwei-Strahl-Ansatz (Transmission durch geschmolzene PEEK-Schicht)

Als Substratmaterial werden die Aluminiumbleche (EN AW-6082) mit den Abmessungen 40 mm × 40 mm × 3 mm verwendet, die entsprechend Kapitel 5.5 (siehe Tabelle 4, IR7) laservorbehandelt und entsprechend Kapitel 4.3 (siehe Tabelle 17, Mischungsverhältnis 1:3) beschichtet sind. Die PEEK-Schicht wird mittels CO_2-Laserstrahlung in einem Bereich von 30 mm × 1,8 mm entsprechend der im vorherigen Kapitel bestimmten Parameter geschmolzen.

Für die Diodenlaserstrahlung wird entsprechend Kapitel 6 der Laser „LDM500" von Laserline GmbH mit einer Wellenlänge von $\lambda = 980$ nm und einer maximal gemessenen Ausgangsleistung von (430 ± 3) W verwendet. Um das Substrat durch die zuvor mittels CO_2-Laserstrahlung geschmolzene Schicht aufzuheizen und mit der Schicht zu verbinden, wird der Laserstrahl in einer einzelnen Spur mit einer Länge von 38 mm über das Substrat bewegt. Die Bearbeitung mittels Diodenlaserstrahlung wird entsprechend der Bearbeitungszeit zum Schmelzen der Schicht um 0,6 s zum Beginn der Bearbeitung mittels CO_2-Laserstrahlung verzögert. Der Strahldurchmesser beträgt 2,25 mm mit der Intensitätsverteilung entsprechend d_1 aus Bild 38. Die Vorschubgeschwindigkeit beträgt entsprechend Kapitel 6.2 2400 mm/s (siehe Tabelle 5).

Da sich die optischen Eigenschaften der geschmolzenen PEEK-Schicht vermutlich von denen in Kapitel 6 identifizierten Eigenschaften unterscheiden, werden Leistungen zwischen 100 W und 400 W getestet, um möglichst viel Leistung durch die Schicht ohne Zersetzung zu transmittieren. Um ein nicht Erreichen der angestrebten Oberflächentemperatur zu verhindern, wird – neben Versuchen bei Raumtemperatur – das Substrat auf 100 °C und 200 °C mittels Heizplatte vorgeheizt.

In Bild 56 sind die Ergebnisse des Zwei-Strahl-Ansatzes mit einer laserbasierten Aufheizung des Substrates durch die geschmolzene PEEK-Schicht dargestellt. Die hergestellten Schichten werden bezüglich „nicht haftender PEEK-Schicht", „haftender PEEK-Schicht" und „zersetzter PEEK-Schicht" kategorisiert[13].

---

[13] Als haftende Schicht wird bei diesen experimentellen Untersuchungen der Zustand beschrieben, bei welchem sich die PEEK-Schicht nach dem Laserschmelzen nicht mit einem leichten Kontakt mit einer Pinzette von der Substratoberfläche ablöst. Erst wenn die Bedingung erfüllt ist, ist die Verbundfestigkeit zwischen PEEK-Schicht und Substrat groß genug, um diese mittels Abzugversuch zu quantifizieren.

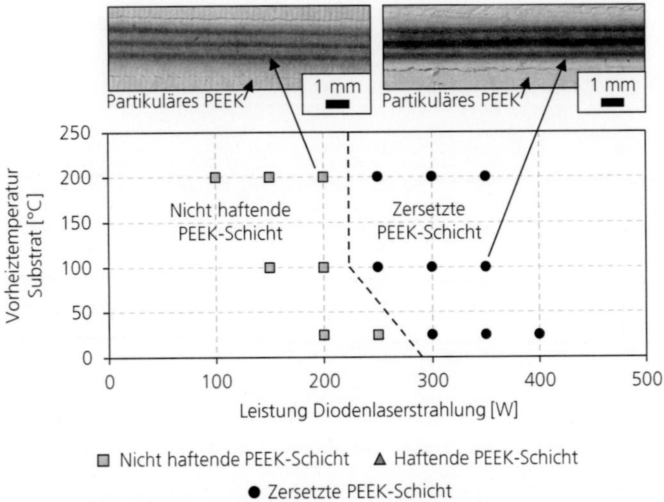

Bild 56: Bewertung des Haft- und Zersetzungsverhaltens der mittels Zwei-Strahl-Ansatz (Transmission durch geschmolzene PEEK-Schicht) bearbeiteten Schichten

Für die Versuche bei Raumtemperatur werden bei den Leistungen der Diodenlaserstrahlung von 200 W und 250 W keine haftenden Schichten hergestellt. Ab der Leistung 300 W sind Zersetzungen auf der Oberfläche erkennbar. Bei den Vorheiztemperaturen 100 °C und 200 °C werden bis zur Leistung 200 W keine haftenden Schichten hergestellt. Ab 250 W sind Zersetzungen auf der PEEK-Schicht sichtbar. Insgesamt werden für keinen Parametersatz haftende Schichten identifiziert.

Die Ergebnisse deuten darauf hin, dass mit der verwendeten Bearbeitungsstrategie keine haftenden PEEK-Schichten auf dem Aluminiumsubstrat hergestellt werden können. Wenn die Oberfläche durch die Diodenlaserstrahlung aufgeheizt wird, ist der Kontakt zwischen PEEK-Schicht und Substrat vermutlich nicht ausreichend, sodass Wärme nur unzureichend an die PEEK-Schicht übertragen werden kann. Infolgedessen findet entweder keine Wiederaufschmelzung der PEEK-Schicht statt oder die Interaktionszeit ist zu kurz, sodass keine Verklammerung mit der Oberfläche, wie in Kapitel 5.3 beschrieben, stattfinden kann.

Des Weiteren führt die ungleichmäßige Aufschmelzung der PEEK-Schicht sowie der fehlende Kontakt zwischen Substrat und Schicht dazu, dass nicht der gleiche Anteil der Strahlung durch die PEEK-Schicht transmittiert werden kann, wie in Kapitel 6.1 bei einer vollständig geschmolzenen PEEK-Schicht identifiziert wurde. Zwar wird eine Vorheiztemperatur des Substrates bis zu 200 °C verwendet, diese könnte aber auch nicht ausreichend sein, um eine ausreichend große Temperatur auf der Substratoberfläche zu erreichen.

Zusammenfassend können mit der verwendeten Bearbeitungsstrategie keine haftenden PEEK-Schichten auf dem Aluminiumsubstrat mittels des Zwei-Strahl-Ansatzes mit einer nachgeschalteten Aufheizung des Substrates durch die geschmolzene PEEK-Schicht hergestellt werden.

7.2 Zwei-Strahl-Ansatz: Vorgeschaltete Substrataufheizung durch partikuläre PEEK-Schicht

Nach der Simulation der Temperaturverteilung des Zwei-Strahl-Ansatzes mit der Transmission der Diodenlaserstrahlung durch die partikuläre PEEK-Schicht ist eine ausreichende Aufheizung der Substratoberfläche nur mit mehreren Überfahrten (Aufheizzeit: > 1 s) und dem damit verbundenen Aufheizen des gesamten Substrates möglich. Zur Umsetzung des Verfahrens werden im ersten Schritt Laserversuche zur Überprüfung der Umsetzbarkeit dieses Zwei-Strahl-Ansatzes inklusive Charakterisierung der funktionalen Schicht- und Substrateigenschaften (Verbundfestigkeit, Dichte und Substrathärte) durchgeführt. Im zweiten Schritt werden verschiedene Laserstrahlquellen/ Bearbeitungsstrategien (Quasi-Linien-Bearbeitung, flächige Bearbeitung) getestet, um die Bearbeitungszeit und den Härteverlust im Substrat so klein wie möglich zu halten.

7.2.1 Experimentelle Untersuchung des Zwei-Strahl-Ansatzes

Zur Überprüfung der Umsetzbarkeit des Zwei-Strahl-Ansatzes (Transmission durch die partikuläre PEEK-Schicht) werden partikuläre PEEK-Schichten lasergeschmolzen und bezüglich Verbundfestigkeit, Dichte und Substrathärte charakterisiert. Die Bearbeitungsstrategie des Zwei-Strahl-Ansatzes ist in Bild 57 dargestellt:[14]

Bild 57: Bearbeitungsstrategie des Zwei-Strahl-Ansatzes (Transmission durch partikuläre PEEK-Schicht)

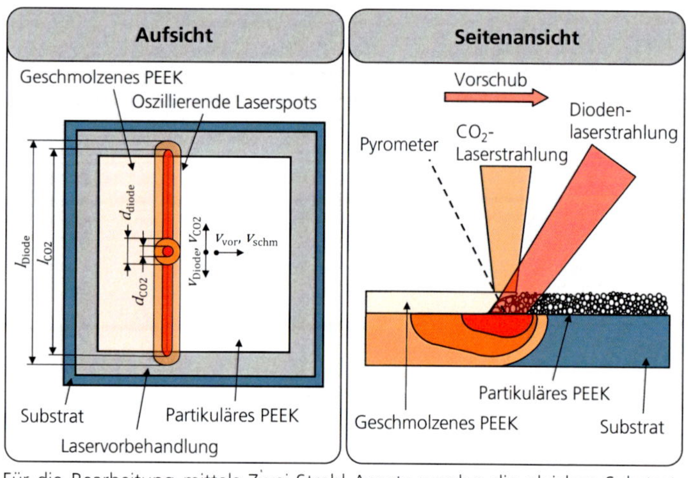

Für die Bearbeitung mittels Zwei-Strahl-Ansatz werden die gleichen Substrate, Beschichtungen und Lasersysteme verwendet wie in Kapitel 7.1.2 Die beiden La-

[14] Die Ergebnisse des Kapitels sind teilweise als Beitrag in einem Fachjournal veröffentlicht [133].

serstrahlen werden mit Hilfe je eines Scanners auf der Probenoberfläche zusammengeführt und orthogonal zur Vorschubrichtung oszilliert (Quasi-Linien-Bearbeitung). Ein Roboter führt die Probe mit konstanter Geschwindigkeit unter der Quasi-Linie hindurch. Die Intensitätsverteilungen sind jeweils gaußförmig. Das Verfahren besteht aus einer Vorheizfahrt und einer Schmelzfahrt. Während der Vorheizfahrt wird das Substrat mittels Diodenlaserstrahlung aufgeheizt, sodass am Ende der Vorheizfahrt die Vorheiztemperatur T_{vor} des Substrates erreicht ist. Dann beginnt die Schmelzfahrt, bei welcher neben der Diodenlaserstrahlung auch die CO_2-Laserstrahlung eingeschaltet wird, um das partikuläre PEEK zu schmelzen.

Um die angestrebte Vorheiztemperatur des Substrates in der Mitte der Bearbeitungslinie konstant zu halten, wird das Pyrometer „Metis H318" von Sensortherm GmbH ($\lambda \approx 1650 - 2100$ nm, Spotgröße: ⌀3 mm) verwendet, das die emittierte Wärmestrahlung misst und die Leistung des Diodenlasers entsprechend regelt. Da bei diesem Zwei-Strahl-Ansatz das Substrat nur langsam aufgeheizt wird und das Aluminium eine große Wärmeleitfähigkeit besitzt, liegt nahezu im gesamten Substrat und in der Schicht eine annähernd gleiche Temperatur vor. Aus diesem Grund ist mit einer temperaturabhängigen Kalibration des Pyrometers auf die partikuläre und geschmolzene PEEK-Schicht eine Messung der Substrattemperatur durch die PEEK-Schicht – im Gegensatz zu der in den vorherigen Kapiteln untersuchten sehr kurzen und lokalen Aufheizung – möglich. Für die Kalibration wird die Probe schrittweise mit einer Heizplatte aufgeheizt und die Substrattemperatur mit dem Kontaktthermometer „51II" von Fluke GmbH und dem Pyrometer gemessen. Der Emissionsgrad wird für das partikuläre und das geschmolzene PEEK angepasst, um die Temperaturmesswerte des Pyrometers mit Werten des Kontaktthermometers gleichzusetzen. Während des Laserverfahrens wird der Emissionsfaktor beim Übergang von der Vorheizfahrt zur Schmelzfahrt geändert.

Die für das Laserverfahren verwendeten Parameter sind in Tabelle 10 dargestellt. Für die Diodenlaserstrahlung wird der Strahldurchmesser d_3 entsprechend Bild 38 und die Scangeschwindigkeit v_{Diode}, die über der minimal notwendigen Scangeschwindigkeit aus Tabelle 5 liegt, verwendet. Die Parameter für die CO_2-Laserstrahlung und für die Vorschubgeschwindigkeit von Vorheizfahrt und Schmelzfahrt sind in Vorversuchen identifiziert worden.

Tabelle 10: Verfahrensparameter für den Zwei-Strahl-Ansatz (Transmission durch partikuläre PEEK-Schicht)

Verfahrensparameter	**Wert**
Laserstrahldurchmesser Diodenlaserstrahlung d_{Diode}	4,83 mm
Laserstrahldurchmesser CO_2-Laserstrahlung d_{CO2}	1,9 mm
Laserleistung Diodenlaserstrahlung P_{Diode}	0 – 430 W (eingestellt durch Temperaturregelung)
Laserleistung CO_2-Laserstrahlung P_{CO2}	23 W
Scan-Geschwindigkeit Diodenlaserstrahlung v_{Diode}	2000 mm/s
Scan-Geschwindigkeit CO_2-Laserstrahlung v_{CO2}	4000 mm/s
Linienbreite Diodenlaserstrahlung l_{Diode}	40 mm
Linienbreite CO_2-Laserstrahlung l_{CO2}	34 mm
Vorheiztemperatur Substrat T_{vor}	220 °C, 240 °C, 260 °C, 280 °C, 300 °C, 320 °C
Vorschubgeschwindigkeit Vorheizfahrt v_{vor}	0,5 mm/s
Vorschubgeschwindigkeit Schmelzfahrt v_{schm}	1,0 mm/s

Die partikulären PEEK-Schichten werden mittels Zwei-Strahl-Ansatz (Transmission durch die partikuläre PEEK-Schicht) erfolgreich aufgeschmolzen. In Bild 58 sind Aufsichten der lasergeschmolzenen PEEK-Schichten bei verschiedenen, mittels Laserstrahlung erzeugten Vorheiztemperaturen dargestellt.

Bild 58: Aufsicht auf die mittels Zwei-Strahl-Ansatz (Transmission durch partikuläre PEEK-Schicht) geschmolzenen PEEK-Schichten auf laservorbehandelten Aluminiumsubstraten bei verschiedenen, mittels Laserstrahlung erzeugten Vorheiztemperaturen

Alle Schichten sind vollständig aufgeschmolzen. Außer bei der Probe mit der Vorheiztemperatur T_{vor} = 220 °C haften die Schichten auf der Substratoberfläche. Optisch ändert sich die Farbe der PEEK-Schicht mit zunehmender Vorheiztemperatur T_{vor} von weiß zu grau/transparent.

Zur Bewertung der Verbundfestigkeit der PEEK-Schichten werden Zugversuche mittels eines automatischen Verbundfestigkeitsmessgeräts „Elcometer 510 Model T" von Elcometer Instruments GmbH nach den Normen ISO 4624 [124] und ASTM D4541 [125], entsprechend Kapitel 5.3 durchgeführt. Die Verbundfestigkeit der lasergeschmolzenen Schichten sind in Abhängigkeit von der Vorheiztemperatur in Bild 59 dargestellt. Der Fehler auf die Verbundfestigkeit ist die Standardabweichung von drei Einzelmessungen.

Bild 59: Verbundfestigkeit der mittels Zwei-Strahl-Ansatzes (Transmission durch partikuläre PEEK-Schicht) geschmolzen PEEK-Schichten in Abhängigkeit von der mittels Laserstrahlung erzeugten Vorheiztemperatur

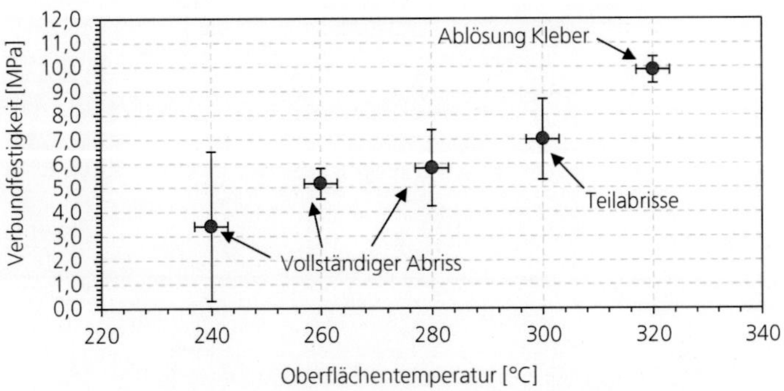

Die Verbundfestigkeit zwischen PEEK-Schichten und dem Substrat nehmen mit steigender Vorheiztemperatur T_{vor} zu. Bei Proben, die mit der Vorheiztemperatur T_{vor} = 220 °C hergestellt wurden, wird keine Verbundfestigkeit gemessen, da sich die Schichten bereits bei der Probenpräparation für die Zugversuche abgelöst haben. Bei den mit T_{vor} = 240 °C – 280 °C hergestellten Proben werden Verbundfestigkeiten im Bereich 3 – 6 MPa gemessen. Bei den Zugversuchen wird die PEEK-Schicht vollkommen vom Substrat getrennt. Bei den mit T_{vor} = 300 °C hergestellten Proben wird eine Verbundfestigkeit von (7,0 ± 1,7) MPa gemessen. Während des Zugversuches wird nur ein Teil der PEEK-Schicht vom Substrat abgezogen. Das deutet darauf hin, dass einzelne Teile der Schicht noch größere Verbundfestigkeiten aufweisen. Bei den mit T_{vor} = 320 °C hergestellten Proben tritt während des Zugversuches eine vollständige Ablösung des Klebers von der PEEK-Schicht bei (9,9 ± 0,5) MPa, ähnlich wie in Kapitel 5.3, ein. Die PEEK-Schicht bleibt vollständig auf dem Substrat erhalten. Das deutet darauf hin, dass die reale Verbundfestigkeit der Schicht über dem gemessenen Wert liegt.

Äquivalent zu den Ergebnissen aus Kapitel 5.3 (Bild 29) wird auch hier eine Zunahme der Verbundfestigkeit mit steigender Vorheiztemperatur beobachtet. Doch bei der Aufheizung des Substrates mittels Heizplatte werden bereits bei kleineren Vorheiztemperaturen (ca. 40 °C Differenz) ähnlich große Verbundfestigkeiten wie bei der Aufheizung mittels Laserstrahlung gemessen. Eine mögliche Ursache dafür könnte sein, dass die Temperatur bei der Aufheizung mittels Heizplatte insgesamt länger gehalten wird als bei der Aufheizung mittels Laserstrahlung. So hat das schmelzflüssige PEEK mehr Zeit, um hinter die Hinterschneidungen zu fließen und um die Poren auszutreiben (siehe Kapitel 5.3).

Die in Bild 58 gezeigte, zunehmende Farbveränderung der PEEK-Schichten mit steigendender Vorheiztemperatur lässt sich auch durch die Ergebnisse der Zugversuche erklären. Durch die Vergrößerung der Vorheiztemperatur wird die Benetzung des PEEKs auf der Substratoberfläche erhöht. Dies führt zu weniger Lufteinschlüssen zwischen PEEK und Substrat und damit zu einer Verringerung der Trübung. Die Farbe wird dunkler.

In Bild 60 sind die Querschliffe der lasergeschmolzenen PEEK-Schichten bei den Vorheiztemperaturen $T_{vor} \geq 280$ °C dargestellt.

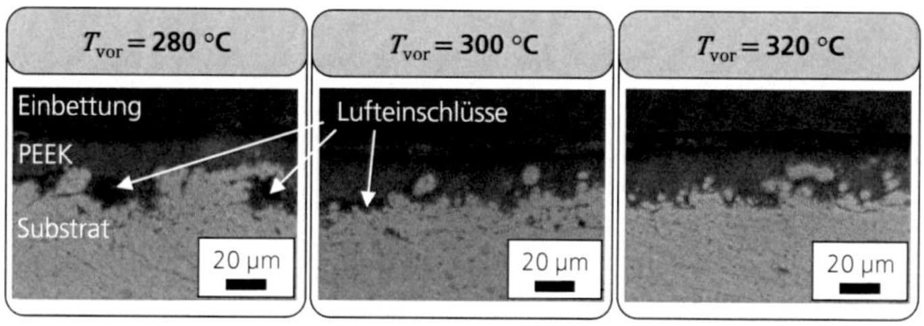

Bild 60: Querschliffe der mittels Zwei-Strahl-Ansatz geschmolzenen PEEK-Schichten für die Vorheiztemperaturen T_{vor} = 280 °C – 320 °C

Bei den mit T_{vor} = 280 °C hergestellten Proben sind mehrere Lufteinschlüsse zwischen PEEK-Schicht und Substratoberfläche zu erkennen. Die PEEK-Schicht füllt die Hinterschneidungen der Substratoberfläche kaum aus und liegt auf den Spitzen der Oberfläche auf. Bei den mit T_{vor} = 300 °C hergestellten Proben sind die meisten Hinterschneidungen von der PEEK-Schicht ausgefüllt und es sind nur noch wenige Lufteinschlüsse zu erkennen. Bei den mit T_{vor} = 320 °C hergestellten Proben sind keine Lufteinschlüsse sichtbar und die PEEK-Schicht füllt fast alle Zwischenräume der Substratoberfläche aus. Damit lässt sich auch erklären, dass die mechanische Verklammerung zwischen Substrat und PEEK-Schicht mit steigender Vorheiztemperatur zunimmt und so die Verbundfestigkeit steigt (siehe Kapitel 5.3). Darüber hinaus kann die Vermutung bestätigt werden, dass die Lufteinschlüsse mit steigender Temperatur abnehmen und das optische Erscheinungsbild der Schicht beeinflussen.

Die Substrathärte nach dem Laserverfahren wird über den Querschnitt mit dem Vickers-Härteprüfgerät „Q30A+" von ATM Qness GmbH mit einer Eindringkraft von 2 N gemessen. Über den Querschnitt jeder Probe werden die Messpunkte mit einem Abstand von 1 mm in einem Gittermuster entsprechend Bild 33 (Kapitel 5.4) verteilt. In Bild 61 sind die Härten der mittels Zwei-Strahl-Ansatz (Transmission durch die partikuläre PEEK-Schicht) mit PEEK beschichteten Aluminiumsubstrate in Abhängigkeit von der Vorheiztemperatur T_{vor} dargestellt. Als Referenzen sind das unbehandelte Substrat mit einer Härte von (121,4 ± 2,9) HV_{2N} und das mittels Ofenverfahren bearbeitete Substrat (400 °C für 10 min) mit einer Härte von (52,3 ± 1,8) HV_{2N} angegeben. Da keine signifikante Abhängigkeit der

Härte vom Messort über dem Querschnitt festgestellt wird, wird der Mittelwert aus allen Messpunkten je Parametersatz gebildet.

Bild 61: Substrathärten der mittels Zwei-Strahl-Ansatz (Transmission durch partikuläre PEEK-Schicht) bearbeiteten PEEK beschichteten Aluminiumsubstrate in Abhängigkeit der Vorheiztemperatur T_{vor}

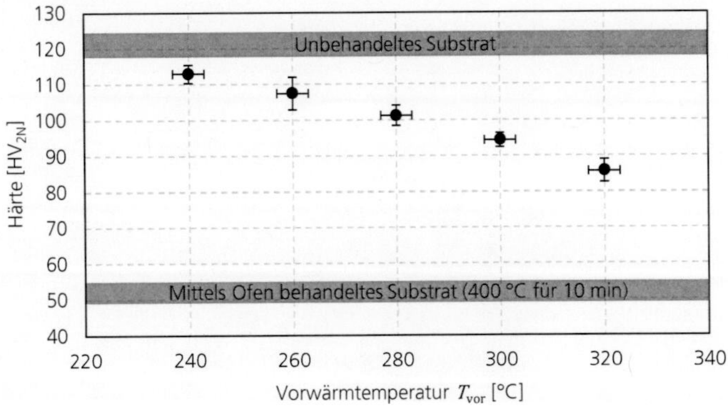

Ähnlich wie in Kapitel 5.4 nimmt die Härte der Substrate mit steigender Vorheiztemperatur ab. Die größte Härte wird bei der Vorheiztemperatur T_{vor} = 240 °C festgestellt und beträgt (113,0 ± 2,5) HV_{2N}. Der relative Härteverlust ist ca. 6,9 %. Die kleinste Härte wird bei der Vorheiztemperatur T_{vor} = 320 °C festgestellt und beträgt (85,7 ± 3,1) HV_{2N}. Der Härteverlust ist ca. 29,4 %. Die Ergebnisse des Härteverlustes bei den Versuchen mittels Zwei-Strahl-Ansatzes stimmen mit den Ergebnissen des Härteverlustes bei den Untersuchungen mittels Heizplatte aus Bild 34 in Kapitel 5.4 überein. Zum Beispiel beträgt die Härte bei der Vorheiztemperatur T_{vor} = 265 °C bei den Heizplattenversuchen (108,3 ± 3,0) HV_{2N} und bei der Vorheiztemperatur T_{vor} = 260 °C bei den Laserversuchen (107,5 ± 4,5) HV_{2N}. Ebenso beträgt die Härte bei der Vorheiztemperatur T_{vor} =320 °C (82,8 ± 1,6) HV_{2N} bei den Heizplattenversuchen und (85,7 ± 3,1) HV_{2N} bei den Laserversuchen. Demnach gilt auch für den Zwei-Strahl-Ansatz, dass die mittels Laserstrahlung eingestellte Temperatur und die Haltezeit reduziert werden muss, um den Härteverlust so klein wie möglich zu halten.

Zur Bewertung der Dichte der Schichten sind in Bild 62 mikroskopische Aufnahmen der mittels Zwei-Strahl-Ansatz (Transmission durch die partikuläre PEEK-Schicht) geschmolzenen PEEK-Schichten in Abhängigkeit von der Vorheiztemperatur dargestellt.

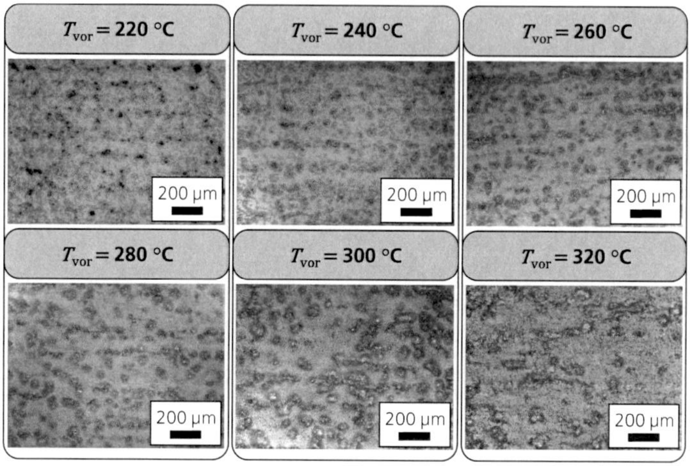

Bild 62: Mikroskopie Aufnahmen der Aufsicht der mittels Zwei-Strahl-Ansatz (Transmission durch partikuläre PEEK-Schicht) geschmolzenen PEEK-Schichten in Abhängigkeit der Vorheiztemperatur

Bei allen sechs Vorheiztemperaturen sind Poren in der Oberfläche zu erkennen. Die Größe der Poren ist bei den verschiedenen Vorheiztemperaturen unterschiedlich. Während die mit der Vorheiztemperatur T_{vor} = 220 °C und T_{vor} = 240 °C hergestellten Proben viele kleine Poren aufweisen, haben die mit T_{vor} = 280 °C und T_{vor} = 300 °C hergestellten Proben weniger und größere Poren. Bei den mit T_{vor} = 320 °C hergestellten Proben ist die Größe der Poren am kleinsten. Ein möglicher Grund dafür ist, dass die Viskosität und Verweilzeit der PEEK-Schmelze von der Vorheiztemperatur beeinflusst wird. Bei kleinerer Viskosität und längerer Verweilzeit ist die Wahrscheinlichkeit größer, dass die Schmelze die Poren schließt. Da eine Abnahme der Porosität nur bei den mit der Vorheiztemperatur T_{vor} = 320 °C hergestellten Proben beobachtet wird, kann ein direkter Einfluss der Vorheiztemperatur auf die Porosität nicht mit Sicherheit angenommen werden.

Für tribologische Anwendungen ist eine vollständig dichte Schicht nicht unbedingt notwendig. Um dennoch zu zeigen, dass die Herstellung von dichten Schichten mit der hier vorgestellten Bearbeitungsstrategie möglich ist, wird eine weitere partikuläre PEEK-Schicht auf die bereits aufgeschmolzene PEEK-Schicht (T_{vor} = 320 °C) aufgebracht und in einem zweiten Verfahrensschritt lasergeschmolzen. Für beide Schichten werden die Laserparameter aus Tabelle 10 (T_{vor} = 320 °C) verwendet. In Bild 63 sind mikroskopische Aufnahmen der Aufsicht (links) und des Querschnitts (rechts) des lasergeschmolzenen Zwei-Schicht-Systems dargestellt.

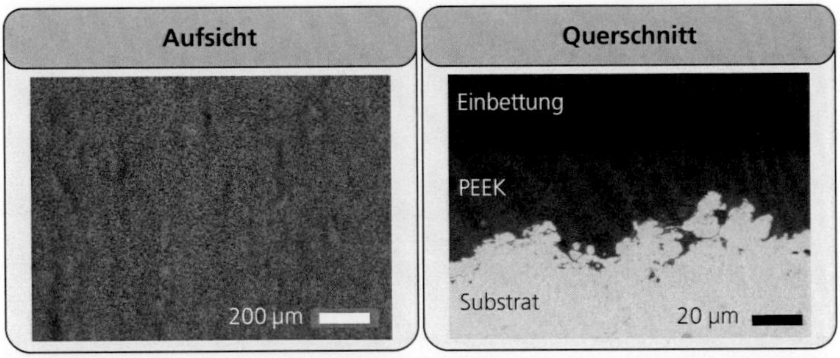

Bild 63: Aufsicht und Querschnitt des mittels Zwei-Strahl-Ansatzes (Transmission durch partikuläre PEEK-Schicht) geschmolzenen Zwei-Schicht-Systems

Auf der Oberfläche der PEEK-Schicht sind fast keine Poren sichtbar. Einzelne Poren sind zwar vorhanden, aber ihre Tiefe beträgt nur einen Bruchteil der PEEK-Schichtdicke. Auch im Querschnitt sind keine Poren sichtbar, weshalb von einer fast vollständig dichten Schicht ausgegangen werden kann. Beide Schichten sind im Querschnitt nicht sichtbar voneinander zu unterscheiden. Aus diesem Grund kann davon ausgegangen werden, dass die einzelnen Schichten verschmolzen und somit fest miteinander verbunden sind.

Zusammenfassend ist die Herstellung von haftfesten PEEK-Schichten mittels des Zwei-Strahl-Ansatzes (Transmission durch die partikuläre PEEK-Schicht) möglich. Die Verbundfestigkeit der Schichten nimmt mit steigender Vorheiztemperatur zu. Schichten mit einer Verbundfestigkeit von mindestens 5 MPa werden bei Proben, die bei einer Vorheiztemperatur $T_{vor} > 260$ °C bearbeitet wurden, gemessen. Die Härte des Aluminiumsubstrates nimmt mit steigender Vorheiztemperatur ab. Mittels des Verfahrens können keine dichten PEEK-Einzelschichten hergestellt werden. Durch das Aufschmelzen einer zweiten PEEK-Schicht auf der ersten Schicht werden dichte Schichten erzielt.

Für die weitere Untersuchung des Verfahrens wird die Vorheiztemperatur $T_{vor} = 300$ °C verwendet, da für diese Temperatur der Zielwert der Verbundfestigkeit von 5 MPa in allen Messungen eindeutig überschritten wird. Für die bei $T_{vor} = 300$ °C hergestellten Proben wird eine Verbundfestigkeit von $(7{,}0 \pm 1{,}7)$ MPa und ein Härteverlust von ca. 22,2 % gemessen.

7.2.2 Experimentelle Untersuchung zur Reduzierung der Bearbeitungszeit

In Kapitel 7.2.1 ist gezeigt worden, dass die Herstellung von haftfesten PEEK-Schichten mittels des Zwei-Strahl-Ansatzes (Transmission durch die partikuläre PEEK-Schicht) möglich ist. Die Vergrößerung der Vorheiztemperatur führt zwar zu einer Vergrößerung der Verbundfestigkeit, aber auch zu einer Vergrößerung des Härteverlustes im Substrat abhängig von der Haltezeit. Deshalb ist je nach Anwendungsszenario eine Reduzierung der Vorheiztemperatur nicht möglich, wenn eine minimale Verbundfestigkeit benötigt wird. Aus diesem Grund wird in diesem Kapitel untersucht, ob durch die Reduzierung der Bearbeitungszeit der Laserstrahlung der Härteverlust des Substrates weiter verkleinert werden kann.

Dafür wird in Kapitel 7.2.2.1 die Reduzierung der Bearbeitungszeit bei der Verwendung der Quasi-Linien-Strategie, die auch in Kapitel 7.2.1 verwendet wird, untersucht (siehe Bild 64, links). In Kapitel 7.2.2.2 wird die Reduzierung der Bearbeitungszeit mittels flächiger Bearbeitung untersucht (siehe Bild 64, rechts). Die beiden verwendeten Strategien sind in Bild 64 dargestellt.

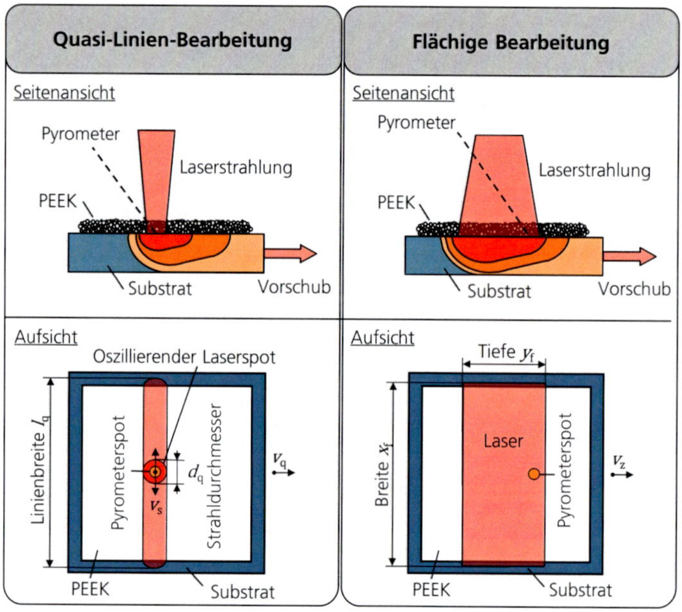

Bild 64: Schematische Darstellung der untersuchten Bearbeitungsstrategien zur Reduzierung der Bearbeitungszeit beim Zwei-Strahl-Ansatz (Transmission durch partikuläre PEEK-Schicht)

Die Substrathärte wird maßgeblich durch die mittels Diodenlaserstrahlung erzeugte Temperatur im Substrat während der Bearbeitung und deren Haltezeit beeinflusst. Bei den bisher durchgeführten Untersuchungen aus Kapitel 7.2.1 beträgt die Zeit bis zum Erreichen der Zieltemperatur T_{vor} = 300 °C während der Vorheizfahrt 76 s (Vorheizzeit t_{vor}) und die Zeit, die die Temperatur während der Schmelzfahrt gehalten wird, 38 s (Haltezeit t_{halt}). Die Bearbeitungszeit entspricht 114 s (t_{vor} + t_{halt}). Im Folgenden wird untersucht, wie die Vorheizzeit verkürzt werden kann und welchen Einfluss dies auf die Änderung der Substrathärte hat. Dabei wird das Substrat über die Aufheizzeit t_{vor} auf die Vorheiztemperatur T_{vor} = 300 °C mittels Diodenlaserstrahlung erhitzt und die Temperatur für die Zeit t_{halt} gehalten. Die PEEK-Schicht wird dabei nicht mittels CO_2-Laserstrahlung geschmolzen, da der CO_2-Laser nicht in jeder der verwendeten Anlagentechniken für die Aufheizung mittels Diodenlaserstrahlung integriert werden konnte. Da die CO_2-Laserstrahlung nur einen sehr kleinen Einfluss auf die Substrathärte hat (siehe Kapitel 5.4), ist eine Untersuchung der Substrathärte ohne das Schmelzen der Schicht möglich. Da die Haltezeit t_{halt} unverändert bleibt, wäre jedoch ein

Schmelzen der Schicht unter den gleichen Bedingungen wie in Kapitel 7.2.1 möglich.

7.2.2.1 Aufheizung des Substrates mittels Quasi-Linien-Bearbeitung

Für diese Untersuchungen werden das gleiche Substrat, PEEK-Schicht und Bearbeitungsstrategie inkl. Laser wie in Kapitel 7.2.1 verwendet. Die verwendeten Parameter sind in Tabelle 11 dargestellt:

Tabelle 11: Parameter für die Aufheizversuche mittels Quasi-Linien-Bearbeitung

Verfahrensparameter	Wert
Laserstrahldurchmesser Diodenlaserstrahlung d_q	4,83 mm
Laserleistung Diodenlaserstrahlung P_q	0 – 430 W (eingestellt durch Temperaturregelung)
Scan-Geschwindigkeit Diodenlaserstrahlung v_s	2000 mm/s
Linienbreite Diodenlaserstrahlung l_q	40 mm
Vorheiztemperatur Substrat T_{vor}	300 °C
Vorschubgeschwindigkeit Vorheizfahrt v_q	0,5 mm/s, 0,75 mm/s, 1,0 mm/s, 1,25 mm/s, 1,5 mm/s

Die Vorschubgeschwindigkeit der Vorheizfahrt wird schrittweise um 0,25 mm/s erhöht, sodass die Vorheizzeit jeweils 76 s; 50,7 s; 38 s und 30,4 s beträgt. Ab einer Vorheizzeit < 30 s wird die Zieltemperatur während der Vorheizfahrt nicht mehr erreicht. Die Vorschubgeschwindigkeit bei der Schmelzfahrt bleibt gleichbleibend bei 1,0 mm/s, sodass die Haltezeit 38 s beträgt. Die Temperatur des Substrates wird entsprechend Kapitel 7.2.1 mittels des Pyrometers „Metis H318" von Sensortherm GmbH ($\lambda \approx$ 1650 – 2100 nm, Spotgröße: ⌀3 mm) überwacht und die Leistung der Diodenlaserstrahlung geregelt, um die Zieltemperatur auf der Substratoberfläche zu halten.

Die Substrathärte wird mittels Vickers-Härteprüfgerät „Q30A+" von ATM Qness GmbH mit einer Eindringkraft von 2 N entsprechend Bild 33 (Kapitel 5.4) durchgeführt. Da keine signifikante Abhängigkeit der Härte vom Messort über dem Querschnitt festgestellt wird, wird der Mittelwert aus allen Messpunkten je Parametersatz gebildet. Die Ergebnisse der Härtemessungen sind in Bild 65 dargestellt.

Bild 65: Härte der Aluminiumsubstrate nach den Aufheizversuchen mittels Quasi-Linien-Bearbeitung in Abhängigkeit der Bearbeitungszeit

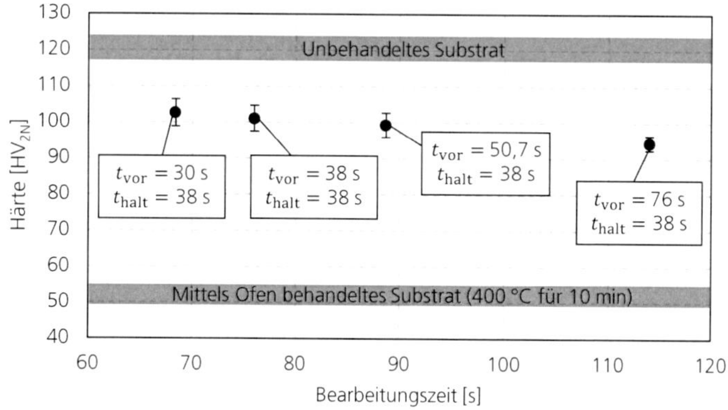

Für die Bearbeitungszeit 114 s (Vorheizzeit: 76 s) beträgt die Härte entsprechend Kapitel 7.2.1 (94,4 ± 1,9) HV_{2N} und der Härteverlust ca. 22,2 %. Mit Reduzierung der Bearbeitungszeit nimmt die Härte stetig zu. Bei der Bearbeitungszeit 88,7 s (Vorheizzeit: 50,7 s) beträgt die Härte (99,3 ± 3,4) HV_{2N} und bei der Bearbeitungszeit 76 s (Vorheizzeit: 38 s) (101,1 ± 3,6) HV_{2N}. Die größte Härte wird bei der Bearbeitungszeit 68 s (Vorheizzeit: 30,4 s) mit (102,7 ± 3,8) HV_{2N} gemessen. Der relative Härteverlust beträgt ca. 15,4 %.

Das Ergebnis zeigt, dass durch die Reduzierung der Vorheizzeit, trotz sonst gleicher Verfahrensparameter, der Härteverlust des Substrates um sieben Prozentpunkte reduziert wird. Eine weitere Verkleinerung der Vorheizzeit ist mit dem verwendeten Lasersystem nicht möglich, da die Zieltemperatur nicht mehr während der Vorheizfahrt erreicht wurde. Vermutlich kann durch Vergrößerung der eingebrachten Laserleistung die Vorheizzeit des Verfahrens weiter verkleinert werden. In Kapitel 6.2 ist gezeigt, dass das Zersetzungsverhalten der limitierende Faktor für die Energieeinbringung in das PEEK-Substrat-System ist. Dabei hat sich gezeigt, dass durch die Vergrößerung des Strahldurchmessers die Wahrscheinlichkeit einer Zersetzung des PEEKs verkleinert werden kann.

Um möglichst viel Energie gleichzeitig in die Probe einzubringen und damit die Vorheizzeit möglichst weit zu reduzieren, wird daher im nächsten Schritt Diodenlaserstrahlung mit größerem Strahldurchmesser und größerer Laserleistung verwendet.

7.2.2.2 Aufheizung des Substrates mittels flächiger Bearbeitung

Die Untersuchung wird mit dem gleichen Substrat und der gleichen PEEK-Schichtdicke wie in Kapitel 7.2.2.1 durchgeführt. Als Laser wird der Diodenlaser „LDM 6000 W“ von Laserline GmbH mit der Zoomoptik „OTZ-5“ mit einer rechteckigen, top-hat-förmigen Intensitätsverteilung mit den Abmaßen 16 mm × 32 mm entsprechend Bild 64 verwendet (Leistungsmessung in Anhang 11.6, Bild 74). Wie bei den Versuchen mittels Quasi-Linien-Bearbeitung wird das Substrat in einer Vorheizfahrt unter der Laserstrahlung hindurchbewegt bis die Zieltemperatur des Substrates erreicht ist. Im Anschluss findet die Schmelzfahrt statt, bei der die Temperatur gleichbleibend auf der Zieltemperatur für 38 s gehalten wird (Kein Schmelzen der Schicht mittels CO_2-Laserstrahlung).

Die kürzeste mittels Quasi-Linien-Bearbeitung umgesetzte Vorheizzeit aus Kapitel 7.2.2.1 beträgt ca. 30 s. Für die Versuche mit der flächigen Bearbeitung werden die drei Vorheizzeiten 15 s, 5 s und 1 s (Bearbeitungszeiten: 53 s, 43 s und 39 s) angestrebt. Die Vorschubgeschwindigkeit und Laserleistung werden entsprechend angepasst, sodass die Zieltemperatur des Substrates am Ende der Vorheizfahrt erreicht ist. Für die Vorheizzeit 15 s wird eine maximale Laserleistung von 1,31 kW (Intensität: 0,26 kW/cm^2), für die Vorheizzeit 5 s wird 2,64 kW (Intensität: 0,52 kW/cm^2) und für die Vorheizzeit 1 s wird 3,93 kW (Intensität: 0,77 kW/cm^2) verwendet. Die Temperatur des Substrates wird wie in Kapitel 7.2.1 mittels des Pyrometers „Metis H318" von Sensortherm GmbH ($\lambda \approx 1650 - 2100$ nm, Spotgröße: ⌀3 mm) überwacht und geregelt.

Die Substrathärte wird mittels Vickers-Härteprüfgerät „Q30A+" von ATM Qness GmbH mit einer Eindringkraft von 2 N entsprechend Bild 33 (Kapitel 5.4) durchgeführt. Da keine signifikante Abhängigkeit der Härte vom Messort über dem Querschnitt festgestellt wird, wird der Mittelwert aus allen Messpunkten je Parametersatz gebildet. Die Ergebnisse der Härtemessungen sind in Bild 66 dargestellt.

Bild 66: Härte der Aluminiumsubstrate nach den Aufheizversuchen mittels flächiger Bearbeitung in Abhängigkeit der Bearbeitungszeit

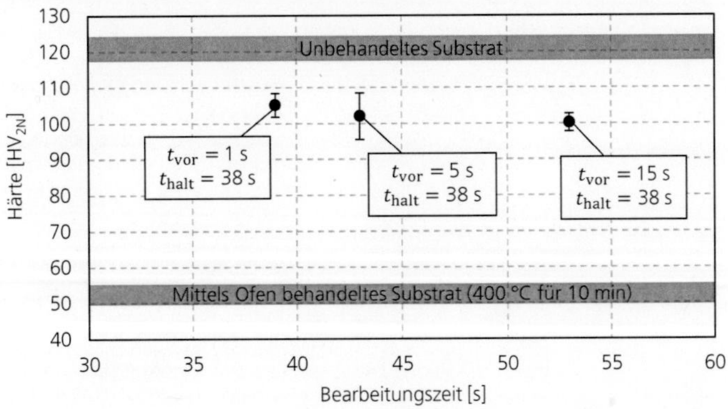

Für die Bearbeitungszeit 53 s (Vorheizzeit: 15 s) beträgt die Härte (100,2 ± 2,5) HV$_{2N}$ und der Härteverlust ca. 17,5 %. Mit Verkleinerung der Bearbeitungszeit nimmt die Härte stetig zu. Bei der Bearbeitungszeit 43 s (Vorheizzeit: 5 s) beträgt die Härte (102,1 ± 6,4) HV$_{2N}$. Die größte Härte wird bei der Bearbeitungszeit 39 s (Vorheizzeit: 1 s) mit (105,2 ± 3,3) HV$_{2N}$ gemessen. Der relative Härteverlust beträgt ca. 13,3 %.

Vergleicht man die Ergebnisse der Härtemessung nach der Aufheizung des Substrates mittels flächiger Bearbeitung mit den Ergebnissen der Härtemessung nach der Aufheizung mittels Quasi-Linien-Bearbeitung (siehe Bild 65) zeigt sich, dass nur durch die Reduzierung der Bearbeitungszeit nicht unbedingt eine Verkleinerung des Härteverlustes stattfindet. Bei einer Bearbeitungszeit von 68,4 s (Vorheizzeit: 30,4 s) mittels Quasi-Linien-Bearbeitung wird eine Härte von (102,7 ± 3,8) HV_{2N} und bei der Bearbeitungszeit von 53 s (Vorheizzeit: 15 s) mittels flächiger Bearbeitung von (100,2 ± 2,5) HV_{2N} erreicht. Die Abweichung liegt zwar innerhalb der Messungenauigkeit, dennoch könnte eine der möglichen Ursachen sein, dass bei der flächigen Bearbeitung ein größerer Bereich des Substrates auf der Zieltemperatur im Vergleich zur Quasi-Linien-Bearbeitung gehalten wird. Diese kleinen, lokalen Unterschiede der Temperatur-Zeit-Profile innerhalb der Probe könnten den Unterschied in der Härte von 2 HV_{2N} verursachen. Dennoch wird der Härteverlust bei Verwendung der gleichen Bearbeitungsstrategie durch die Reduzierung der Bearbeitungszeit verkleinert. Da die Haltezeit 38 s wesentlich größer als die Vorheizzeit 1 s ist, führt eine weitere Reduzierung der Vorheizzeit unter 1 s vermutlich zu keiner weiteren signifikanten Änderung des Härteverlustes.

Insgesamt wird gezeigt, dass durch die Reduzierung der Bearbeitungszeit der Härteverlust des Substrates für das Laserschmelzen von PEEK-Schichten mittels Zwei-Strahl-Ansatzes verkleinert werden kann. Bei einer Vorheiztemperatur von 300 °C wird durch eine Reduzierung der Bearbeitungszeit von 114 s auf 39 s (Vorheizzeit von 76 s auf 1 s) der Härteverlust des Substrates von ca. 22,2 % auf 13,3 % verkleinert. Durch die Verwendung kleinerer Vorheiztemperaturen kann der Härteverlust weiter reduziert werden (siehe Bild 61), dann ist aber von einer Reduzierung der Verbundfestigkeit zwischen PEEK-Schicht und Substrat auszugehen. Eventuell ist neben der Reduzierung der Vorheizzeit auch eine Reduzierung der Haltezeit während der Schmelzfahrt durch eine Anpassung der Laserverfahrensparameter der CO_2-Laserstrahlung bzw. mit der Verwendung eines anderen Lasersystems möglich. Dabei ist jedoch zu beachten, dass durch die Reduzierung der Interaktionszeit zwischen CO_2-Laserstrahlung und PEEK auch das Verhalten der Verbundfestigkeit der Schicht, z. B. durch verkürzte Aufrechterhaltung der PEEK-Schmelze und dadurch kleinere mechanische Verklammerung, verändert werden kann.

Zusammenfassend ist die Umsetzung des Zwei-Strahl-Ansatzes möglich. Dabei ist zu beachten, dass die verwendete Vorheiztemperatur entsprechend der benötigten Verbundfestigkeit der Beschichtung angepasst werden muss. Sollte der dadurch resultierende Härteverlust des Substrates größer als erlaubt sein, kann durch die Reduzierung der Bearbeitungszeit der Härteverlust reduziert werden. Je nach Bauteilgröße und Komplexität könnten verschiedene Lasersysteme, Bearbeitungsstrategien und Bearbeitungszeiten notwendig sein. In diesen Fällen könnte die Verwendung einer Simulation zur Bestimmung der Wärmeverteilung hilfreich sein. Vermutlich ist oftmals ein Kompromiss zwischen Verbundfestigkeit der Beschichtung und Härteverlust des Substrates notwendig.

8 Zusammenfassung und Ausblick

8.1 Zusammenfassung

In der vorliegenden Arbeit wird erstmalig ein laserbasierter Zwei-Strahl-Ansatz für die Herstellung von Schichten aus partikulärem PEEK auf temperaturempfindlichen Aluminiumsubstraten untersucht. Bisherige Arbeiten identifizierten neben der Oberflächentopografie des Substrates die Oberflächentemperatur des Substrates als maßgebliche Größe, die die Verbundfestigkeit zwischen PEEK-Schicht und Metallsubstrat bestimmt. Diese wurde bisher über eine Vorheizung des gesamten Substrates auf 175 °C – 340 °C mittels Heizplatte realisiert, was neben einem Härteverlust im Substrat mit einem großen Energieeinsatz bei massiven Bauteilen einhergeht. Des Weiteren ist die Vorheizung von 3D-Bauteilen eingeschränkt.

Diesen Defiziten soll der Zwei-Strahl-Ansatz begegnen: Dieser basiert auf der lokalen Aufheizung der Substratoberfläche im Bereich der PEEK-Schmelze mit naher Infrarotstrahlung eines Diodenlasers ($\lambda = 980$ nm), die nicht oder sehr wenig von der darüberliegenden PEEK-Beschichtung absorbiert wird, und der lokalen Schmelzung der partikulären PEEK-Schicht mit mittlerer Infrarotstrahlung eines CO_2-Lasers ($\lambda = 10600$ nm), die maßgeblich vom PEEK-Material absorbiert wird. Dabei kann das Substrat mittels Diodenlaserstrahlung vorgeschaltet zum Schmelzen mittels CO_2-Laserstrahlung durch die partikuläre Schicht oder nachgeschaltet durch die bereits geschmolzene Schicht aufgeheizt werden.

Um die erzielte Verbundfestigkeit erstmals zu quantifizieren, wurden anstatt der bisher in der Literatur genutzten Gitterschnitttests nun Abzugversuche unter Messung der Ablösekraft herangezogen und der Einfluss der Substratoberflächentopografie auf die Verbundfestigkeit untersucht.

Gegenüber PEEK-Beschichtungen auf unbehandelten AlMgSi1-Substraten (EN AW-6082) können Verbundfestigkeiten > 5 MPa auf laservorbehandelten Substraten (Aufrauen der Oberfläche mittels gepulster Laserbearbeitung) schon bei 260 °C anstatt 330 °C Vorheiztemperatur der Substratoberfläche erreicht werden. Auch bei vorbehandelten Substraten steigt die Verbundfestigkeit mit zunehmender Substrattemperatur. Die Senkung der Vorheiztemperatur ist relevant, da beim verwendeten Aluminiumwerkstoff Härteverluste bei Temperaturen > 200 °C mit zunehmender Haltezeit entstehen. Die erreichbaren Verbundfestigkeiten von konventionellen ofenprozessierten Proben sind mit > 12 MPa nicht mehr messbar (Grenzen des Messgerätes), welche bei der Verarbeitung bei 400 °C einen Härteverlust von ≈ 57 % aufweisen. Ähnlich große Werte (> 12 MPa) konnten für laserbearbeitete Schichten bei der Substrattemperatur 290 °C mit einem Härteverlust von ≈ 18 % gemessen werden (unter Nutzung einer Heizplatte). Der maßgebliche Einfluss auf die Steigerung der Verbundfestigkeit ist dabei die Oberflächentopografie, die mit Hinterschneidungen die Möglichkeit zur mechanischen Verklammerung des PEEKs bietet, und eine ausreichend große Oberflächentemperatur, die eine geringe Viskosität der PEEK-

Schmelze und damit das Hinterfließen der Substratoberflächenstruktur ohne vorheriges Erstarren der PEEK-Schmelze möglich macht. Dabei hat die Größe des Mittenrauwertes der Substratoberfläche ($R_a \approx 0{,}7 - 5{,}9$ µm) nur einen untergeordneten Einfluss auf die Verbundfestigkeit, jedoch einen großen Einfluss auf den Absorptionsgrad der Oberfläche, der für die Erzielung einer ausreichend großen Substratoberflächentemperatur bei der Aufheizung mittels transmittierter Diodenlaserstrahlung notwendig ist. Eine Vergrößerung des Absorptionsgrades durch die Laservorbehandlung auf $A_{\text{Substrat}} \approx 60$ % gegenüber 42 % (unbehandelt) und 12 % (geschliffen) kann erzielt werden.

Für die laserbasierte Vorheizung weist die PEEK-Schicht im geschmolzenen Zustand mit 90 – 93 % einen größeren Transmissionsgrad auf als die partikuläre Schicht mit 16 – 20 %. Ebenso führt die Propagation der Laserstrahlung durch die partikuläre Schicht zur Streuung und damit zu einer Vergrößerung des Strahldurchmessers auf der Substratoberfläche. Eine weitere Verfahrensabhängigkeit ist materialbezogen: Das Zersetzungsverhalten von partikulären und geschmolzenen PEEK-Schichten beschränkt die notwendige, minimale Vorschubgeschwindigkeit der Laserstrahlung abhängig vom Laserstrahldurchmesser – für die partikuläre Schicht auf 2800 mm/s ($d_1 = 2{,}25$ mm), 2600 mm/s ($d_2 = 3{,}28$ mm) und 1000 mm/s ($d_3 = 4{,}83$ mm). Zusammenfassend führen diese Einschränkungen dazu, dass die mittels Diodenlaserstrahlung durch die partikuläre PEEK-Schicht erreichbare Substratoberflächentemperatur bei einer einzelnen Überfahrt (Aufheizzeit: < 0,1 s) zu klein ist, um eine ausreichende Verbundfestigkeit während des Schmelzens der Schicht mittels CO_2-Laserstrahlung zu erzielen: Die große Wärmeleitfähigkeit des Aluminiumsubstrates führt bei den nutzbaren Parametern zu einer großen Wärmeabfuhr aus der Prozesszone. Für die Aufheizung durch die geschmolzene Schicht werden ausreichend große Temperaturen bei einer einzelnen Überfahrt erreicht.

Daher werden zwei Ansätze verfolgt:

1. Die nachgeschaltete laserbasierte Aufheizung der Substratoberfläche mit Transmission von Diodenlaserstrahlung durch die schon geschmolzene PEEK-Schicht mit einer einzelnen Überfahrt (Aufheizzeit: < 0,1 s).

2. Die vorgeschaltete laserbasierte Aufheizung des gesamten Substrates mit Transmission von Diodenlaserstrahlung durch die noch partikuläre PEEK-Schicht mit mehreren Überfahrten (Aufheizzeit: > 1 s).

Für den ersten Ansatz der nachgeschalteten Aufheizung kann die PEEK-Schicht nicht mittels CO_2-Laserstrahlung aufgrund des großen Absorptionsgrades der Schicht bei den für die laserbasierte Aufheizung notwendigen Vorschubgeschwindigkeiten (> 500 mm/s) in einer Überfahrt vollständig geschmolzen werden. Auch das Schmelzen mit kleinerer Vorschubgeschwindigkeit mittels CO_2-Laserstrahlung und einer zeitverzögerten Aufheizung mittels Diodenlaserstrahlung führt zu keinen haftfenden Schichten. Grund dafür ist der unzureichende Kontakt zwischen geschmolzener PEEK-Schicht und Substrat während der Aufheizung der Substratoberfläche.

Für den zweiten Ansatz der Aufheizung des gesamten Substrates durch die partikuläre PEEK-Schicht mit mehreren Überfahrten können haftfeste PEEK-Schichten hergestellt werden. Mit steigender Temperatur des Substrates nimmt die Verbundfestigkeit der PEEK-Schicht zu und die Härte des Substrates ab. Bei den mit der Substrattemperatur 300 °C hergestellten Proben beträgt die Verbundfestigkeit (7,0 ± 1,7) MPa und der Härteverlust ca. 22,2 %. Mit einer Anpassung von Laserstrahlquelle und Bearbeitungsstrategie kann die Bearbeitungszeit von 114 s auf 39 s und der Härteverlust auf 13,3 % verkleinert werden. Somit ist die Zielsetzung der Arbeit bezüglich Verbundfestigkeit zwischen PEEK-Schicht und Substrat (> 5 MPa) und Härteverlust des Substrates (< 15 %) erreicht.

Das in dieser Arbeit entwickelte Verfahren macht die Herstellung haftfester PEEK-Schichten mittels Laserstrahlung ohne die Verwendung einer externen Vorheizung (Ofen/Heizplatte) auf Aluminiumsubstraten möglich. Durch Anpassung von Substrattemperatur und Bearbeitungszeit können die PEEK-Schichten ohne signifikante funktionsrelevante Beeinflussung des Substrates hergestellt werden.

8.2 Ausblick

Die Ergebnisse dieser Arbeit stellen die Grundlage für weitere Forschungs- und Entwicklungsarbeiten dar.

Anwendungsseitig kann das Verfahren auf reale 3D-Komponenten erweitert werden. Das beinhaltet die Untersuchung von möglichen Applikationsverfahren für partikuläre PEEK-Schichten auf komplexen Bauteilen, die Anpassung des Laserverfahrens sowie die Prüfung der Komponenten unter realen Bedingungen. Für das Laserverfahren ist eine FEM-Simulation der Temperaturverteilung sinnvoll, um die Bearbeitungszeit für das jeweils verwendete 3D-Bauteil abzuschätzen und eine geeignete Vorheizstrategie auszuarbeiten. Durch die Untersuchung der Korrelation zwischen Härteverlust im Substrat und den durch das Laserverfahren induzierten Temperatur-Zeit-Profilen, könnte die Simulation so erweitert werden, dass eine Vorhersage des Härteverlustes des Substrates möglich ist. Darüber hinaus ist für die Anwendung des Verfahrens auf industriellen Maßstab die Ausarbeitung eines Anlagenkonzeptes erforderlich.

Verfahrensseitig ist eine Anpassung des Verfahrens hinsichtlich einer weiteren Verkürzung der Prozesszeit möglich. Durch die Verwendung anderer Lasersysteme für das Schmelzen der partikulären PEEK-Schicht ist eventuell eine Reduzierung der Schmelzzeit mit unveränderter Verbundfestigkeit der Schicht möglich. Zum Beispiel durch Laserstrahlung mit kleinerem Absorptionsgrad in der PEEK-Schicht als CO_2-Laserstrahlung (schnelleres Schmelzen der Schicht nahe der Substratoberfläche), wie z. B. Strahlung eines Thulium-Lasers ($\lambda \approx 1900$ –2050 nm). Generell ist die Optimierung des Verfahrens zu möglichst kurzen Prozesszeiten sinnvoll.

Werkstoffseitig ist die Übertragung des Verfahrens auf andere Substrat- und Beschichtungsmaterialien möglich. Bei der Verwendung eines Stahlsubstrates könnte aufgrund des größeren Absorptionsgrades des Substrates als auch durch die kleinere Wärmeleitfähigkeit eine schnellere Aufheizung der Substratoberfläche möglich sein, wodurch insbesondere die Aufheizung von größeren Bauteilen

(> 1 kg) vereinfacht wird. Des Weiteren ist die Additivierung der Beschichtung möglich, um die Eigenschaften hinsichtlich korrosionsschützender oder tribologischer Eigenschaften zu verbessern. Auch die Übertragung des Verfahrens auf Polymere mit kleinerer Schmelztemperatur (z. B. PA12) ist denkbar, da vermutlich kleinere Vorheiztemperaturen zur Erreichung großer Verbundfestigkeiten notwendig sind.

Zusammenfassend stellt die Entwicklung des laserbasierten Beschichtungsverfahrens ein breites Spektrum (anwendungs-, verfahrens- und werkstoffseitig) an Anschlussmöglichkeiten dar. Bei einer Weiterentwicklung des Verfahrens ist die energieeffiziente und kontaktlose Beschichtung von temperaturempfindlichen 3D-Komponenten im industriellen Maßstab möglich. Insbesondere durch die Möglichkeit, komplexe Bauteile mit hochfunktionalen tribologischen Beschichtungen zu versehen, die nicht mittels konventioneller Verfahren zu beschichten sind, lässt ein großes wirtschaftliches Potenzial sowie die Umsetzung weiterer Verbesserungsmöglichkeiten erwarten.

9 Abkürzungs- und Formelverzeichnis

Abkürzungen

LDV	Leistungsdichteverteilung
HLP	Hochleistungspolymer
HDT	Wärmeformbeständigkeitstemperatur

Chemische Bezeichnungen

CO_2	Kohlenstoffdioxid
CO	Kohlenstoffmonoxid
WS_2	Wolframsulfid
Al_2O_3	Aluminiumoxid (Alumina)
SO_2, H_2S	Schwefelgase
NO, NO_2	Stickoxide
HF	Fluorwasserstoffe

Polymere

PEEK/PEAK	Polyetheretherketon/Polyaryletherketon
PTFE	Polytetrafluorethylen (Teflon)
PA12	Polyamid 12
PP	Polypropylen
HDPE/LDPE	Polyethylen
PMMA	Polymethylmethacrylat
PVC	Polyvinylchlorid
PA	Polyamide
PC	Polycarbonat
POM	Polyoxymethylen
PET	Polyethylenterephthalat
PBT	Polybutylenterephthalat
PSU	Polysulfon
PPS	Polyphenylensulfid
PES	Polyethersulfon
PPSU	Polyphenylsulfon
PI	Polyimid
PEI	Polyetherimid
PBI	Polybenzimidazole
PAI	Polyamidimid
PVDF	Polyvinylidenfluorid

Werkstoffe

EN AW-6082	Aluminiumknetlegierung AlMgSi1 (3.2315)
EN AW-6061	Aluminiumknetlegierung AlMg1SiCu (3.3211)
EN AW-2017	Aushärtbare Aluminiumlegierung AlCuMg1 (3.1325)

100Cr6	Wälzlagerstahl (1.3505)
316L	Rostfreier Stahl (1.4404)
304L	Rostfreier Stahl (1.4307)
V2A	Rostfreier Stahl (1.4301)
DLC	Diamantähnliche Beschichtung
HOQ310	Quarzglas
IPA	Isopropanol
TGME	Triethylenglycolmonoethylether
EG	Ethylenglykol

Messgeräte/ -methoden

Nd:YAG	Neodym-YAG-Laser, Festkörperlaser (λ = 1064 nm)
UV-Laser	Laser mit einer Wellenlänge im ultravioletten Bereich (z. B. λ = 355 nm)
IR-Laser	Laser mit einer Wellenlänge im Infrarot Bereich (z. B. λ = 980 nm)
CO_2-Laser	In dieser Arbeit verwendeter Kohlenstoffdioxidlaser mit der Wellenlänge λ = 10600 nm
UV/Vis/NIR	Spektrometrie zur Bestimmung von Transmissions- und Reflexionsgrad im Wellenlängenbereich λ = 300 – 2500 nm
FTIR	Spektrometrie zur Bestimmung von Transmissions- und Reflexionsgrad im Wellenlängenbereich λ = 2500 – 13000 nm
REM	Rasterelektronenmikroskopie
LSM	Laser-Scanning-Mikroskopie
EDX	Energiedispersive Röntgenspektroskopie
FEM	Finite-Elemente-Methode
DSC	Dynamische Differenzkalorimetrie

Variablen und Kennzahlen

T_D	Dauergebrauchstemperatur Polymere
T_M	Schmelztemperatur/Kristallitschmelztemperatur
T_G	Glasübergangstemperatur Polymere
T_Z	Zersetzungstemperatur Polymere
λ	Wellenlänge
R_a/ S_a	Mittenrauwert einer Messlänge/Messfläche
R_{sk}/ S_{sk}	Schiefe einer Messlänge/Messfläche (Oberflächenkennwert)
d_{10}/ d_{50}/ d_{90}	10%-, 50%- und 90%-Quantil einer Partikelgrößenverteilung
h_{nass}	Nassschichtdicke der applizierten PEEK-Dispersion
$h_{trocken}$	Schichtdicke der PEEK-Dispersion im getrockneten Zustand
$h_{geschmolzen}$	Schichtdicke des PEEK-Pulvers nach dem Schmelzen
ρ	Dichte
T	Transmissionsgrad
R	Reflexionsgrad
A	Absorptionsgrad

I_λ	spektrale Intensität
$\hat{\Omega}$	Richtung der Strahlpropagation
σ_λ	Streukoeffizient
α_λ	Absorptionskoeffizient
κ	Extinktionskoeffizient
$\hat{N}$	komplexer Brechungsindex
n	Brechungsindex
$I_{b\lambda}$	Planck'sche Schwarzkörperfunktion
P_λ	Streuphasenfunktion
z	Materialtiefe / Schichtdicke
$I(z)$	Intensität an der Stelle z
I_0	Ausgangsintensität
δ_{opt}	Optische Eindringtiefe
$\theta_{1,2}$	Strahlungswinkel vor und nach der Brechung an der Grenzfläche
$r_{\mathrm{s,p}}$	Reflexionskoeffizient für s- und p-polarisiertes Licht
$t_{\mathrm{s,p}}$	Transmissionskoeffizient für s- und p-polarisiertes Licht
w_{A}	Massenanteil Laserabsorber im PEEK-Pulver
σ_{H}	Haftfestigkeit
F_{i}	Innere Kraft an der Grenzfläche
A_{w}	Beim Bruch gebildete wahre Oberfläche
σ	Verbundfestigkeit
F_a	Messbare äußere Kraft
A_{t}	Geometrische Oberfläche
R_{m}	Zugfestigkeit
U	Spannung
$l_{\mathrm{q}}/l_{\mathrm{Diode}}/l_{\mathrm{CO2}}$	Linienbreite bei der Quasi-Linien-Bearbeitung
$v_{\mathrm{s}}/v_{\mathrm{f}}/v_{\mathrm{s}}$	Vorschubgeschwindigkeit/Scangeschwindigkeit
$d_{\mathrm{s}}/d_{1\text{-}3}$	Laserstrahldurchmesser
$r_{\mathrm{s}}/r_{1\text{-}3}$	Laserstrahlradius
d_{y}	Spurabstand
L_{S}	Spurlänge
ΔL	Überlapp
z	Arbeitsabstand
P_{L}	Gemittelte Laserleistung
M^2	Strahlqualität
t_{Puls}	Pulslänge
t_{rep}	Pulsfrequenz
F_{v}	Virtueller Fokus
h_{v}	Abstand virtueller Fokus
α_{v}	Öffnungswinkel zum virtuellen Fokus
k	Wärmeleitfähigkeit
c_{p}	Spezifische Wärmekapazität
$P_{\mathrm{s}}/P_{\mathrm{E}}/P_{\mathrm{M}}$	Arbeitspunkt
T_{max}	Maximale Oberflächentemperatur
T_{vor}	Vorheiztemperatur
t_{vor}	Vorheizzeit

t_{halt}	Haltezeit
x_f/y_f	Breite/Tiefe des rechteckigen Lasers
E_t	E-Modul
δ_y	Streckspannung
ε_y	Streckdehnung
ε_B	Bruchdehnung

10 Literaturverzeichnis

[1] Holmberg, K.; Erdemir, A. (2017) Influence of tribology on global energy consumption, costs and emissions in: Friction, 2017-09-06, Vol.5 (3), p.263-284 5, Nr. 3. https://doi.org/10.1007/s40544-017-0183-5

[2] Holmberg, K.; Erdemir, A. (2019) The impact of tribology on energy use and CO2 emission globally and in combustion engine and electric cars in: Tribology international, 2019-07, Vol.135 (C), p.389-396 135, C. https://doi.org/10.1016/j.triboint.2019.03.024

[3] M. Woydt, T. Gradt, T. Hosenfeldt, R. Luther, A. Rienäcker, F. Wetzel, C. Wincierz (2019) Tribologie in Deutschland: Querschnittstechnologie zur Minderung von CO2-Emissionen und zur Ressourcenschonung. Eine Expertenstudie der Gesellschaft für Tribologie e.V. https://www.gft-ev.de/de/tribologie-studie-co2-minderung/ [Zugriff am: 19. Jan. 2023].

[4] Bundesministerium für Umwelt, Naturschutz und nukleare Sicherheit (2021) Klimaschutz in Zahlen: Fakten, Trends und Impulse deutscher Klimapolitik – Ausgabe 2021. https://www.bmwk.de/Redaktion/DE/Publikationen/Klimaschutz/klimaschutz-in-zahlen.html [Zugriff am: 6. Mai. 2022].

[5] Christian Jung, J. R. (2012) Verschleißfester Gleitlack für die Beschichtung von Motorkolben. EP2424946A1. https://patents.google.com/patent/EP2424946A1/de [Zugriff am: 19. Jan. 2023].

[6] Götze, A. et al. (2014) Tetrahedral Amorphous Carbon Coatings for Friction Reduction of the Valve Train in Internal Combustion Engines in: Advanced Engineering Materials, June 2008, Vol.10(6), pp.559-564 16, Nr. 10. https://doi.org/10.1002/adem.201400188

[7] Rodichev, A. Y.; Gorin, A. V.; Babin, A. (2019) Experimental Studies of Wear Resistance of Anti-Friction Coatings of Bimetal Fluid-Film Bearings in: Materials Science Forum, 2019-02-26, Vol.946, p.325-330 946. https://doi.org/10.4028/www.scientific.net/MSF.946.325

[8] Evonik Industries AG (2009) VESTAKEEP® PEEK: Ein Hochleistungskunststoff für Zukunftstechnologien. Evonik Industries AG. https://industrial.vestakeep.com/de/vestakeep-peek-ein-hochleistungskunststoff-fuer-zukunftstechnologien-102611.html [Zugriff am: 19. Jan. 2023].

[9] POLYTRON Kunststofftechnik GmbH & Co. KG (2011) Produktbrochüre Hochleistungskunststoffe. https://www.polytron-gmbh.de/hochleistungskunststoffe.pdfx [Zugriff am: 19. Jan. 2023].

[10] Victrex Polymer Solutions VICOTE(TM) COATINGS 700 SERIES: Quick 10 Step Guide For Optimum Results. https://www.victrex.com/-/media/downloads/technical-guides/victrex_vicote-700-series-10-step-us.pdf?rev=bb301c7fa5634e178d889f4b9d2031e2 [Zugriff am: 19. Jan. 2023].

[11] Hendrik Sändker (03.12.2018) Laserbasierte Herstellung funktionaler Beschichtungen aus partikulärem Polyetheretherketon [Dissertation]. RWTH Aachen.

[12] Sändker, H. et al. (2015) Laser beam propagation and energy deposition in particulate PEEK layers. http://www.wlt.de/lim/Proceedings/Stick/PDF/Contribution181_final.pdf [Zugriff am: 19. Jan. 2023].

[13] Sändker, H.; Stollenwerk, J.; Loosen, P. (2017) Laser-based Process for Polymeric Coatings on Temperature-Sensitive Metallic Components. https://www.wlt.de/lim/Proceedings2017/Data/PDF/Contribution144_final.pdf [Zugriff am: 19. Jan. 2023].

[14] Sändker, H.; Stollenwerk, J.; Loosen, P. (2017) Laser-based process for polymeric tribological coatings on lightweight components in: Surface and Coatings Technology. https://doi.org/10.1016/j.surfcoat.2017.06.075

[15] Kurdi, A.; Chang, L. (2018) Recent advances in high performance polymers-Tribological aspects in: Lubricants, 31 December 2018, Vol.7(1) 7, Nr. 1. https://doi.org/10.3390/lubricants7010002

[16] Yeo, S. M. (2013) Tribology of polymeric coatings for aggressive bearing applications [Dissertation]. University of Illinois at Urbana-Champaign.

[17] Woo, H.-G.; Li, H. (2011) Advanced functional materials. Springer Berlin Heidelberg. ISBN 3642190766.

[18] Hellerich, W.; Harsch, G.; Haenle, S. (2010) Werkstoff-Führer Kunststoffe – Eigenschaften, Prüfungen, Kennwerte. 10. Aufl. s.l.: Carl Hanser Fachbuchverlag. ISBN 9783446424364.

[19] Victrex Europa GmbH Victrex PEEK: Die Grundlage der Victrex-Innovation. https://www.victrex.com/-/media/downloads/literature/de/2019_01_peek-eigenschaften_web.pdf?rev=efde2aced0e34277967417b8d095fae0 [Zugriff am: 19. Jan. 2023].

[20] Parker, D. et al. (2003) Polymers, high-temperature in: Bohnet, M.; Ullmann, F. [Eds.] Ullmann's encyclopedia of industrial chemistry. 6. ed. Weinheim: Wiley-VCH.

[21] Lin, L. et al. (2019) Tribological Response of PEEK to Temperature Induced by Frictional and External Heating in: Tribology letters, 2019-04-06, Vol.67 (2), p.1-9 67, Nr. 2. https://doi.org/10.1007/s11249-019-1169-4

[22] Oster, F. et al. (2004) Tribologische hochleistungsbeschichtungen aus neuartigen polyetheretherketon (PEEK)-compounds 51, H. 3, S. 17–24.

[23] Herold, F.; Schneller, A. (1992) High-Performance Polymers in: Advanced Materials, March 1992, Vol.4(3), pp.143-152 4, Nr. 3. https://doi.org/10.1002/adma.19920040304

[24] Laux, K.; Schwartz, C. (2013) Influence of linear reciprocating and multi-directional sliding on PEEK wear performance and transfer film formation in: Wear, 2013-04, Vol.301 (1-2), p.727-734 301, 1-2. https://doi.org/10.1016/j.wear.2012.12.004

[25] Ovaert, T. C.; Cheng, H. S. (1991) The unlubricated sliding wear behavior of polyetheretherketone against smooth mild-steel counterfaces in: Journal of tribology, 1991, Vol.113 (1), p.150-157 113, Nr. 1. https://doi.org/10.1115/1.2920581

[26] Laux, K. et al. (2016) The influence of surface properties on sliding contact temperature and friction for polyetheretherketone (PEEK) in: Polymer (Guilford), 2016-10-26, Vol.103, p.397-404 103. https://doi.org/10.1016/j.polymer.2016.09.064

[27] Pei, X.-Q. et al. (2016) Novel Experiments Reveal Scratching and Transfer Film Mechanisms in the Sliding of the PEEK/Steel Tribosystem in: Tribology letters, 2019-04-06, Vol.67 (2), p.1-9 63, Nr. 3. https://doi.org/10.1007/s11249-016-0732-5

[28] Bahadur, S. (2000) The development of transfer layers and their role in polymer tribology in: Wear, 2013-04, Vol.301 (1-2), p.727-734 245, Nr. 1. https://doi.org/10.1016/S0043-1648(00)00469-5

[29] Victrex plc VICTREX® WG™ Polymers – Premium Wear Grades. https://www.victrex.com/-/media/downloads/literature/en/victrex-wg-flyer.pdf?rev=791d250f42b142099b4d25b28ad21605 [Zugriff am: 19. Jan. 2023].

[30] Hanchi, J.; Eiss, N. (1997) Dry sliding friction and wear of short carbon-fiber-reinforced polyetheretherketone (PEEK) at elevated temperatures in: Wear, 2013-04, Vol.301 (1-2), p.727-734 203. https://doi.org/10.1016/S0043-1648(96)07347-4

[31] Hou, X.; Shan, C.; Choy, K.-L. (2008) Microstructures and tribological properties of PEEK-based nanocomposite coatings incorporating inorganic fullerene-like nanoparticles in: Surface and Coatings Technology 202, Nr. 11. https://doi.org/10.1016/j.surfcoat.2007.08.010

[32] Zhang, G.; Schlarb, A. (2009) Correlation of the tribological behaviors with the mechanical properties of poly-ether-ether-ketones (PEEKs) with different molecular weights and their fiber filled composites in: Wear, 2013-04, Vol.301 (1-2), p.727-734 266, Nr. 1. https://doi.org/10.1016/j.wear.2008.07.004

[33] Rodriguez, V. et al. (2016) Influence of solid lubricants on tribological properties of polyetheretherketone (PEEK) in: Tribology international, 2019-07, Vol.135 (C), p.389-396 103. https://doi.org/10.1016/j.triboint.2016.06.037

[34] Jacobs, O. et al. (2005) On the effect of counterface material and aqueous environment on the sliding wear of carbon fibre reinforced polyetheretherketone (PEEK) in: Tribology letters, 2019-04-06, Vol.67 (2), p.1-9 19, Nr. 4. https://doi.org/10.1007/s11249-005-7449-1

[35] Jacobs, O. et al. (2005) On the effect of counterface material and aqueous environment on the sliding wear of various PEEK compounds in: Tribology letters, 2019-04-06, Vol.67 (2), p.1-9 18, Nr. 3. https://doi.org/10.1007/s11249-004-2766-3

[36] Evonik Ressource Efficiency GmbH (2019) High Performance in Powder Form: Polyether Ether ketone Powders. https://industrial.vestakeep.com/de/produkte-und-service/pulver/attachment/140849?rev=673d0e4fd4e9ab3706d99ff0a77df011 [Zugriff am: 19. Jan. 2023].

[37] Keyence Corporation Coating and Dispensing Technology: Shaping the Future of Automation. www.keyence.com/ss/products/measure/sealing/coater-type/dispenser.jsp [Zugriff am: 19. Jan. 2023].

[38] Pospischil, M. et al. (2016) A parallel dispensing system for an improved front surface metallization of silicon solar cells [Dissertation]. Albert-Ludwigs-Universität Freiburg.

[39] Corni, I. et al. (2008) Polyetheretherketone (PEEK) Coatings on Stainless Steel by Electrophoretic Deposition in: Advanced Engineering Materials, June 2008, Vol.10(6), pp.559-564 10, Nr. 6. https://doi.org/10.1002/adem.200800010

[40] Corni, I. et al. (2009) Electrophoretic deposition of PEEK-nano alumina composite coatings on stainless steel in: Surface and Coatings Technology 203, Nr. 10. https://doi.org/10.1016/j.surfcoat.2008.11.005

[41] Seuss, S. et al. (2012) Electrophoretic Deposition of PEEK-TiO2 Composite Coatings on Stainless Steel in: Key Engineering Materials, 2012-03-15, Vol.507, p.127-133 507. https://doi.org/10.4028/www.scientific.net/KEM.507.127

[42] van der Biest, O. O.; Vandeperre, L. J. (1999) ELECTROPHORETIC DEPOSITION OF MATERIALS in: Annual Review of Materials Science, 1999-08, Vol.29 (1), p.327-352 29, Nr. 1. https://doi.org/10.1146/annurev.matsci.29.1.327

[43] Patel, K. et al. (2010) Effect of surface roughness parameters on thermally sprayed PEEK coatings in: Surface and Coatings Technology 204, Nr. 21. https://doi.org/10.1016/j.surfcoat.2010.04.026

[44] Garcia-Alonso, D. et al. (2011) Pre-/during-/post-laser processes to enhance the adhesion and mechanical properties of thermal sprayed coatings with a reduced environmental impact in: Journal of Thermal Spray Technology, 2010, Vol.19(1), pp.439-447 20, Nr. 4. https://doi.org/10.1007/s11666-011-9629-x

[45] Vuoristo, P. (2014) Thermal spray coating processes in: Comprehensive materials processing, 1st edition Volume 4: Coatings and films. Elsevier, S. 229–276.

[46] Petrovicova, E.; Schadler, L. S. (2002) Thermal spraying of polymers in: International materials reviews, 2002-08-01, Vol.47 (4), p.169-190 47, Nr. 4. https://doi.org/10.1179/095066002225006566

[47] Victrex plc VICOTE® FLAME SPRAY 702/705 COATINGS: Quick 10 Step Guide For Optimum Results. https://www.victrex.com/-/media/downloads/technical-guides/victrex_vicote-flame-spray-10-step-us.pdf?rev=88c400c4d704403ab7ebf292cf8dc198 [Zugriff am: 19. Jan. 2023].

[48] Chillman, A.; Ramulu, M.; Hashish, M. (2010) Waterjet and water-air jet surface processing of a titanium alloy: A parametric evaluation in: Journal of manufacturing science and engineering, 2010-02, Vol.132 (1), p.0110121-01101210 132, Nr. 1. https://doi.org/10.1115/1.4000837

[49] Uhlmann, E.; El Mernissi, A. (2008) Pre-treatment by dry ice blasting for adhesive bonding in: Production engineering (Berlin, Germany), 2008-04-22, Vol.2 (2), p.133-138 2, Nr. 2. https://doi.org/10.1007/s11740-008-0087-3

[50] C Coddet et al. (1999) Surface prepartion and thermal spray in a single step: The PROTAL process-example of application for an aluminum-base substrate in: Journal of Thermal Spray Technology, 2010, Vol.19(1), pp.439-447 8, Nr. 2.

[51] Zhang, G. et al. (2006) Deposition of PEEK coatings using a combined flame spraying–laser remelting process in: Surface and Coatings Technology 201, Nr. 1. https://doi.org/10.1016/j.surfcoat.2005.11.094

[52] Zhang, C. et al. (2009) Microstructure and mechanical properties of flame-sprayed PEEK coating remelted by laser process in: Progress in Organic Coatings, 2009, Vol.66(3), pp.248-253 66, Nr. 3. https://doi.org/10.1016/j.porgcoat.2009.08.002

[53] Demian, C. et al. (2012) Laser densification of organic coating: Effects of laser wavelength, operating parameters and substrate properties in: Surface and Coatings Technology 206, Nr. 16. https://doi.org/10.1016/j.surfcoat.2012.02.032

[54] Soveja, A. et al. (2009) Remelting of Flame Spraying PEEK Coating Using Lasers in: Journal of Thermal Spray Technology, 2010, Vol.19(1), pp.439-447 19, 1-2. https://doi.org/10.1007/s11666-009-9421-3

[55] Soveja, A. et al. (2011) Improvement of flame spraying PEEK coating characteristics using lasers in: Journal of Materials Processing Tech., 2011, Vol.211(1), pp.12-23 211, Nr. 1. https://doi.org/10.1016/j.jmatprotec.2010.08.002

[56] Barnier, V. et al. (2006) XPS and SIMS study of aluminium native oxide modifications induced by Q-switched Nd:YAG laser treatment in: Surface and interface analysis, 2006-04, Vol.38 (4), p.406-409 38, Nr. 4. https://doi.org/10.1002/sia.2181

[57] Danlos, Y. et al. (2010) Ablation laser and heating laser combined to cold spraying in: Surface and Coatings Technology 205, Nr. 4. https://doi.org/10.1016/j.surfcoat.2010.06.018

[58] Bray, M.; Cockburn, A.; O'Neill, W. (2009) The Laser-assisted Cold Spray process and deposit characterisation in: Surface and Coatings Technology 203, Nr. 19. https://doi.org/10.1016/j.surfcoat.2009.02.135

[59] Costil, S. et al. (2006) Laser hybrid plasma spray processes: Tools to adjust coating structural characteristics in: High temperature material processes, 2006, Vol.10 (3), p.327-364 10, Nr. 3. https://doi.org/10.1615/HighTempMatProc.v10.i3.10

[60] Costil, S. et al. (2005) Influence of Surface Laser Cleaning Combined with Substrate Preheating on the Splat Morphology in: Journal of Thermal Spray Technology, 2010, Vol.19(1), pp.439-447 14, Nr. 1, pp. 31–38. https://doi.org/10.1361/10599630522657

[61] Pokhmurska, H. et al. (2008) Post-treatment of thermal spray coatings on magnesium in: Surface and Coatings Technology 202, Nr. 18. https://doi.org/10.1016/j.surfcoat.2008.04.036

[62] Serres, N. et al. (2011) Corrosion properties of in situ laser remelted NiCrBSi coatings comparison with hard chromium coatings in: Journal of Materials Processing Tech., 2011, Vol.211(1), pp.12-23 211, Nr. 1. https://doi.org/10.1016/j.jmatprotec.2010.09.005

[63] González, R. et al. (2007) Wear behaviour of flame sprayed NiCrBSi coating remelted by flame or by laser in: Wear, 2013-04, Vol.301 (1-2), p.727-734 262, Nr. 3. https://doi.org/10.1016/j.wear.2006.05.009

[64] Bradley, L.; Li, L.; Stott, F. (2000) Flame-assisted laser surface treatment of refractory materials for crack-free densification in: Materials science & engineering. A, Structural materials : properties, microstructure and processing, 2000, Vol.278 (1), p.204-212 278, Nr. 1. https://doi.org/10.1016/S0921-5093(99)00592-4

[65] Batista, C. et al. (2005) Surface laser-glazing of plasma-sprayed thermal barrier coatings in: Applied Surface Science, 30 September 2014, Vol.314, pp.341-347 247, Nr. 1. https://doi.org/10.1016/j.apsusc.2005.01.047

[66] Buling, A. et al. (2016) Laser surface pretreatment of 100Cr6 bearing steel – Hardening effects and white etching zones in: Applied Surface Science, 30 September 2014, Vol.314, pp.341-347 378. https://doi.org/10.1016/j.apsusc.2016.03.088

[67] Wittmann, A. et al. (2021) Consolidation of thermoplastic coatings by means of a thulium-doped fiber laser in: Journal of laser applications, 2021-11, Vol.33 (4), p.42032 33, Nr. 4. https://doi.org/10.2351/7.0000501

[68] Wittmann, A. et al. (2022) Generation of Polyamide 12 Coatings on Stainless Steel Substrates by Directed Energy Deposition with a Thulium-Doped Fiber Laser (DED-LB/P) in: Polymers 14, H. 18, S. 3729. https://doi.org/10.3390/polym14183729

[69] Wittmann, A. et al. (2022) Laser-based coating process of PEEK powder on stainless steel substrates by using a thulium-doped fiber laser in: Procedia CIRP 113, S. 588–593. https://doi.org/10.1016/j.procir.2022.09.179

[70] Baillis, D.; Sacadura, J.-F. (2000) Thermal radiation properties of dispersed media: theoretical prediction and experimental characterization in: Journal of quantitative spectroscopy & radiative transfer, 2000, Vol.67 (5), p.327-363 67, Nr. 5. https://doi.org/10.1016/S0022-4073(99)00234-4

[71] Mishchenko, M. I. (2014) Electromagnetic Scattering by Particles and Particle Groups: An Introduction. Cambridge University Press. ISBN 9781139019064.

[72] Chandrasekhar, S. (2016) Radiative transfer. New York: Dover Publications. ISBN 0486605906.

[73] Ramezan pour, B.; Mackowski, D. W. (2017) Radiative transfer equation and direct simulation prediction of reflection and absorption by particle deposits in: Journal of quantitative spectroscopy & radiative transfer, 2000, Vol.67 (5), p.327-363 189, C. https://doi.org/10.1016/j.jqsrt.2016.11.028

[74] Väisänen, T. et al. (2019) Radiative transfer with reciprocal transactions: Numerical method and its implementation in: PloS one, 2019-01-01, Vol.14 (1), p.e0210155-e0210155 14, Nr. 1. https://doi.org/10.1371/journal.pone.0210155

[75] Fox, M. (2008) Optical properties of solids. Oxford: Oxford Univ. Press. ISBN 9780198506133.

[76] Poprawe, R. (2017) Tailored Light 1 – High Power Lasers for Production. Berlin, Heidelberg: Springer Berlin / Heidelberg. ISBN 9783642012334.

[77] Singh, J. [Hrsg.] (2006) Optical properties of condensed matter and applications. Chichester: Wiley. ISBN 9780470021927.

[78] Poprawe, R. [Hrsg.] (2011) Tailored Light 2 – Laser Application Technology. Berlin, Heidelberg: Springer Berlin / Heidelberg. ISBN 9783642012365.

[79] W. Theiss Scout. www.mtheiss.com/ [Zugriff am: 19. Jan. 2023].

[80] Bruggeman, D. A. G. (1935) Berechnung verschiedener physikalischer Konstanten von heterogenen Substanzen. I. Dielektrizitätskonstanten und Leitfähigkeiten der Mischkörper aus isotropen Substanzen in: Annalen der Physik 416, H. 7, S. 636–664. https://doi.org/10.1002/andp.19354160705

[81] J. C. Maxwell Garnett (1904) XII. Colours in metal glasses and in metallic films in: Philosophical Transactions of the Royal Society of London. Series A, Containing Papers of a Mathematical or Physical Character 203, 359-371, S. 385–420. https://doi.org/10.1098/rsta.1904.0024

[82] Rechtenwald, T. (2011) Quasi-isothermes Laserstrahlsintern von Hochtemperatur-Thermoplasten-Eine Betrachtung werkstoff-und prozessspezifischer Aspekte am Beispiel PEEK [Dissertation]. Friedrich-Alexander-Universität Erlangen-Nürnberg.

[83] Vortisch, H. (2002) Beobachtung von Phasenübergängen in einzeln levitierten Schwefelsäuretröpfchen mittels Raman-Spectroskopie und elastischer Lichtstreuung. https://doi.org/10.17169/refubium-8424

[84] Mie, G. (1908) Beiträge zur Optik trüber Medien, speziell kolloidaler Metallösungen in: Annalen der Physik 330, Nr. 3. https://doi.org/10.1002/andp.19083300302

[85] Barber, P. W. (1984) Absorption and scattering of light by small particles in: Journal of colloid and interface science, 1984, Vol.98 (1), p.290-291 98, Nr. 1. https://doi.org/10.1016/0021-9797(84)90512-5

[86] Waterman, P. C. (1971) Symmetry, unitarity, and geometry in electromagnetic scattering in: Physical review. D, Particles and fields, 1971, Vol.3 (4), p.825-839 3, Nr. 4. https://doi.org/10.1103/PhysRevD.3.825

[87] Egel, A. et al. (2017) CELES: CUDA-accelerated simulation of electromagnetic scattering by large ensembles of spheres in: Journal of quantitative spectroscopy & radiative transfer, 2000, Vol.67 (5), p.327-363 199. https://doi.org/10.1016/j.jqsrt.2017.05.010

[88] Mathewson, A. G.; Myers, H. P. (1971) Absolute Values of the Optical Constants of Some Pure Metals in: Physica scripta, 1971-12-01, Vol.4 (6), p.291-292 4, Nr. 6. https://doi.org/10.1088/0031-8949/4/6/009

[89] Bennett, H. E.; Silver, M.; Ashley, E. J. (1963) Infrared Reflectance of Aluminum Evaporated in Ultra-High Vacuum in: Journal of the Optical Society of America (1930), 1963-09-01, Vol.53 (9), p.1089 53, Nr. 9. https://doi.org/10.1364/JOSA.53.001089

[90] Ehrenreich, H.; Philipp, H. R.; Segall, B. (1963) Optical properties of aluminum in: Physical review, 1963, Vol.132 (5), p.1918-1928 132, Nr. 5. https://doi.org/10.1103/PhysRev.132.1918

[91] Mathewson, A. G.; Myers, H. P. (1972) Optical absorption in aluminium and the effect of temperature in: Journal of physics. F, Metal physics, 1972-03-01, Vol.2 (2), p.403-415 2, Nr. 2. https://doi.org/10.1088/0305-4608/2/2/030

[92] Decker, D. L.; Hodgkin, V. A. (1981) Wavelength and Temperature Dependence of the Absolute Reflectance of Metals at Visible and Infrared Wavelengths in: Laser Induced Damage In Optical Materials: 1980, 1981-10-01, p.190-200. 100 Barr Harbor Drive, PO Box C700, West Conshohocken, PA 19428-2959: ASTM International.

[93] Palik, E. D. [Hrsg.] (2003) Handbook of optical constants of solids. San Diego, Calif.: Acad. Press. ISBN 9780125444231.

[94] Lin, Q. et al. (2017) Dynamic thermal response of aluminum films induced by femtosecond-pulsed lasers with temperature dependent optical properties in: Optik (Stuttgart), 2017-08, Vol.142, p.218-225 142. https://doi.org/10.1016/j.ijleo.2017.05.087

[95] Evonik Industries AG (2008) Polymer & Laser – Laser-Applikationszentrum. Evonik Industries AG. https://www.vestamid.com/sites/lists/RE/DocumentsHP/Polymers-Lasers-EN.pdf [Zugriff am: 19. Jan. 2023].

[96] W. Theiss Spray. www.mtheiss.com/ [Zugriff am: 19. Jan. 2023].

[97] Laumer, T. et al. [Hrsg.] (2015) Characterization of temperature-dependent optical material properties of polymer powders. Melville: American Institute of Physics. ISBN 0735413096.

[98] Bischof, C. et al. (1989) Zur Adhäsion in Metall-Polymer-Grenzschichten und ihrer praktischen Nutzung in: Acta Polymerica, March 1989, Vol.40(3), pp.214-221 40, Nr. 3. https://doi.org/10.1002/actp.1989.010400309

[99] Silva, L. F. M. d.; Öchsner, A.; Adams, R. D. [Hrsg.] (2011) Handbook of Adhesion Technology. Berlin, Heidelberg: Springer Berlin Heidelberg. ISBN 9783642011689.

[100] ZISMAN, W. A. Relation of the Equilibrium Contact Angle to Liquid and Solid Constitution 43, S. 1–51. https://doi.org/10.1021/ba-1964-0043.ch001

[101] Sharpe, L. H.; Schonhorn, H. (1963) Theory Gives Direction to Adhesion Work in: Chemical & Engineering News Archive 41, H. 15, S. 67–88. https://doi.org/10.1021/cen-v041n015.p067

[102] Deryagin, B. V. et al. (1979) Adhesion of Solids in: Journal of The Electrochemical Society 126, H. 12, 492C-493C. https://doi.org/10.1149/1.2128960

[103] Voyutskii, S. S. (1963) Autohesion and Adhesion of High Polymers. ISBN 9780470911945.

[104] Voyutskii, S. S.; Vakula, V. L. (1964) SELF-DIFFUSION AND INTERDIFFUSION IN POLYMER SYSTEMS in: Russian chemical reviews, 1964-02-28, Vol.33 (2), p.103-117 33, Nr. 2. https://doi.org/10.1070/RC1964v033n02ABEH001381

[105] Schonhorn, H. (1985) Adhesion and Adhesives : Interactions At Interfaces in: Journal of plastic film & sheeting, 1985-04, Vol.1 (2), p.163-179 1, Nr. 2. https://doi.org/10.1177/875608798500100210

[106] Bikerman, J. J. (1967) CAUSES OF POOR ADHESION: WEAK BOUNDARY LAYERS in: Industrial and engineering chemistry, 1967-09, Vol.59 (9), p.40-44 59, Nr. 9. https://doi.org/10.1021/ie51403a010

[107] Palathai, T.; Tharajak, J.; Sombatsompop, N. (2008) Hardness, adhesion index and microstructure of PEEK coating on Al or Fe substrate by LVOF flame spray in: Materials science & engineering. A, Structural materials : properties, microstructure and processing, 2000, Vol.278 (1), p.204-212 485, Nr. 1. https://doi.org/10.1016/j.msea.2007.07.049

[108] Großmann, J. (2009) Einfluß von plasmabehandlungen auf die haftfestigkeit vakuumtechnisch hergestellter polymer-metall-verbunde. Friedrich-Alexander-Universitaet Erlangen-Nuernberg (Germany). ISBN 9798597071565.

[109] Schulze, K. et al. (2014) Bruchmechanische Untersuchung der Titan-PEEK-Grenzfläche in thermoplastischen Titan-CF/PEEK-Laminaten durch Mixed-Mode-Bending-Versuche in: Materialwissenschaft und Werkstofftechnik 45, Nr. 6. https://doi.org/10.1002/mawe.201400269

[110] Metall Service Menziken AG Datenblatt zu Aluminiumplatten EN AW-6082. www.metallservice.ch/msm/msm-home/services/infoservice/produktinfos-datenbl%C3%A4tter/aluminium-pressprodukte/datenblatt-zu-aluminium-rechteckstangen-en-aw-6082.pdf [Zugriff am: 19. Jan. 2023].

[111] AMCO Metall-Service GmbH Technisches Datenblatt EN AW-6082 (AlMgSi1). https://amco-metall.de/fileadmin/downloads/Datenblaetter/Datenblatt_AMCO_6082.pdf [Zugriff am: 19. Jan. 2023].

[112] ALUMERO Systematic Solutions GmbH EN AW-6082 | Datenblatt. https://www.alumero-group.eu/fileadmin/user_upload/downloads/technologien/legierungen/ALUMERO_Legierungen-EN-AW-6082-AlMgSi1_web.pdf [Zugriff am: 19. Jan. 2023].

[113] Klöckner & Co Deutschland GmbH EN AW-6082. https://facts.kloeckner.de/werkstoffe/aluminium/3-2315/ [Zugriff am: 19. Jan. 2023].

[114] ASM International (2007) Heat treating. 10. ed. Materials Park, Ohio: ASM International. ISBN 9780871703798.

[115] MAGMASOFT® (Simulationssoftware für Gießtechnik + Datenbank mit temperaturabhängigen Materialeigenschaften) [Software]. https://www.magmasoft.de/de/loesungen/magmasoft/ [Zugriff am: 19. Jan. 2023].

[116] C. Broeckmann, P. B. (2014) Werkstoffkunde I – Vorlesungsskript. RWTH Aachen.

[117] GDA - Gesamtverband der Aluminiumindustrie e.V., W.-D. Finkelnburg (2007) Wärmebehandlung von Aluminium-Legierungen. GDA. http://www.aluinfo.de/files/_media/dokumente/Downloads/Technische%20Daten/Merkblaetter/W7_Waermebehandlung_von_Aluminiumlegierungen.pdf [Zugriff am: 19. Jan. 2023].

[118] Evonik Ressource Efficiency GmbH (2016) Technical Information: VESTAKEEP® 1000 UFP10. https://www.plastics-database.com/material/pdf/VESTAKEEP1000UFP10/VESTAKEEP1000UFP10?sLg=en&rnd=1674144991249 [Zugriff am: 19. Jan. 2023].

[119] Philipp Brückner (2021) Einfluss der optischen und adhäsiven Eigenschaften von laservorbehandelten Aluminiumsubstraten auf das Laserschmelzen von partikulären Polymerschichten [Bachelorarbeit in Physik]. RWTH Aachen.

[120] Dahmen, M. et al. (2022) Influence of surface preheating and pretreatment on the adhesion of laser-melted PEEK to aluminum substrates in: Surface and Coatings Technology 448, S. 128922. https://doi.org/10.1016/j.surfcoat.2022.128922

[121] DIN EN ISO 13565-1:1998-04, Geometrische Produktspezifikationen (GPS)_- Oberflächenbeschaffenheit: Tastschnittverfahren_- Oberflächen mit plateauartigen funktionsrelevanten Eigenschaften_- Teil_1: Filterung und allgemeine Meßbedingungen (ISO_13565-1:1996); Deutsche Fassung EN_ISO_13565-1:1997. Berlin: Beuth Verlag GmbH.

[122] DIN EN ISO 4288:1998-04, Geometrische Produktspezifikation (GPS)_- Oberflächenbeschaffenheit: Tastschnittverfahren_- Regeln und Verfahren für die Beurteilung der Oberflächenbeschaffenheit (ISO_4288:1996); Deutsche Fassung EN_ISO_4288:1997. Berlin: Beuth Verlag GmbH.

[123] Bergström, D.; Powell, J.; Kaplan, A. (2007) A ray-tracing analysis of the absorption of light by smooth and rough metal surfaces in: Journal of applied physics, 2007, Vol.101 (11), p.113504 101, Nr. 11. https://doi.org/10.1063/1.2738417

[124] DIN EN ISO 4624:2016-08, Beschichtungsstoffe_- Abreißversuch zur Bestimmung der Haftfestigkeit (ISO_4624:2016); Deutsche Fassung EN_ISO_4624:2016. Berlin: Beuth Verlag GmbH.

[125] ASTM D 7234 Test Method for Pull-Off Strength of Coatings Using Portable Adhesion Testers. West Conshohocken, PA: ASTM International.

[126] Vedder, C. et al. (2017) Laser-based functionalization of electronic multi-material-layers for embedded sensors in: Journal of laser applications, 2021-11, Vol.33 (4), p.42032 29, Nr. 2. https://doi.org/10.2351/1.4983267

[127] Tobias Wild (2021) Strahlpropagation von Diodenlaserstrahlung in partikulären und geschmolzenen Schichten aus Polyetheretherketon [Bachelorarbeit in Physik]. RWTH Aachen.

[128] Chen, J.-Y.; Chen, M.; Chao, S.-C. (1998) Thermal stability and crystallization kinetics of poly(ether ketone) in: Macromolecular Chemistry and Physics 199, H. 8, S. 1623–1629. https://doi.org/10.1002/(SICI)1521-3935(19980801)199:8%3C1623::AID-MACP1623%3E3.0.CO;2-%23

[129] Eichler, J.; Dünkel, L.; Eppich, B. (2004) Die Strahlqualität von Lasern - Wie bestimmt man Beugungsmaßzahl und Strahldurchmesser in der Praxis? in: Laser-Technik-Journal, 2004-10, Vol.1 (2), p.63-66 1, Nr. 2. https://doi.org/10.1002/latj.200790019

[130] DIN EN ISO 11146-1:2020-06, Laser und Laseranlagen_- Prüfverfahren für Laserstrahlabmessungen, Divergenzwinkel und Beugungsmaßzahlen_- Teil_1: Stigmatische und einfach astigmatische Strahlen (ISO/DIS_11146-1:2020); Deutsche und Englische Fassung prEN_ISO_11146-1:2020. Berlin: Beuth Verlag GmbH.

[131] Boltzmann, L. (1884) Ableitung des Stefan'schen Gesetzes, betreffend die Abhängigkeit der Wärmestrahlung von der Temperatur aus der electromagnetischen Lichttheorie in: Annalen der Physik 258, H. 6, S. 291–294. https://doi.org/10.1002/andp.18842580616

[132] Crank, J.; Nicolson, P. (1996) A practical method for numerical evaluation of solutions of partial differential equations of the heat-conduction type in: Advances in Computational Mathematics 6, H. 1, S. 207–226. https://doi.org/10.1007/BF02127704

[133] Dahmen, M. et al. (2022) Dual-beam laser-based processing of tribological polymer coatings in: Procedia CIRP 111, S. 257–260. https://doi.org/10.1016/j.procir.2022.08.061

[134] Friedrich, K. et al. (2011) Scratch resistance of high performance polymers in: Tribology international, 2019-07, Vol.135 (C), p.389-396 44, Nr. 9. https://doi.org/10.1016/j.triboint.2011.04.008

[135] DIN EN ISO 9773:2004-02, Kunststoffe_- Bestimmung des Brandverhaltens von dünnen, biegsamen, vertikal ausgerichteten Probekörpern in Kontakt mit einer kleinen Zündquelle (ISO_9773:1998_+ Amd._1:2003); Deutsche Fassung EN_ISO_9773:1998_+ A1:2003. Berlin: Beuth Verlag GmbH.

[136] DIN EN ISO 4589-1:2017-08, Kunststoffe_- Bestimmung des Brennverhaltens durch den Sauerstoff-Index_- Teil_1: Allgemeine Anforderungen (ISO_4589-1:2017); Deutsche Fassung EN_ISO_4589-1:2017. Berlin: Beuth Verlag GmbH.

11 Anhang

11.1 Hochleistungspolymere

11.1.1 Kategorisierung von Hochleistungspolymeren

Polymere lassen sich standardmäßig in die Kategorie Duroplaste, Elastomere und Thermoplaste unterteilen. Bei thermoplastischen Polymeren lässt sich zusätzlich zwischen einer amorphen und einer teilkristallinen Kristallstruktur unterscheiden. Nur die thermoplastischen Polymere sind für eine umformende Bearbeitung geeignet und deshalb für die industrielle Fertigung von besonders großer Relevanz. [18]

Neben der Unterscheidung von Thermoplasten basierend auf der atomaren Struktur, können diese auch basierend auf ihren Werkstoffeigenschaften unterschieden werden. Nach *Woo* [17] werden die Thermoplaste abhängig von ihrer Dauergebrauchstemperatur in Standardpolymere ($T_D < 100$ °C), technische Polymere ($T_D = 100 - 150$ °C) und Hochleistungspolymere ($T_D = 150 - 260$ °C) kategorisiert.

Beispiele für Standardpolymere sind Polyethylene (HDPE, LDPE), Polymethylmethacrylat (PMMA) und Polyvinylchlorid (PVC). Diese Werkstoffe besitzen eine kleine Glasübergangs- (T_G) und Schmelztemperatur (T_M) im Vergleich zu anderen Polymeren. Beispiele für technische Polymere sind Polyamide (PA), Polycarbonate (PC), Polyoxymethylene (POM), Polyethylenterephtalat (PET) und Polybutylenterephthalat (PBT). Für die Hochleistungspolymere sind Polyetheretherketone (PEEK), Polysulfone (PSU, PES) und Polyimide (PI) bekannte Vertreter. [17]

Besonders Hochleistungspolymere (HLPs) sind aufgrund ihrer exzellenten mechanischen Festigkeit, thermischen Stabilität, chemischen Beständigkeit sowie ihren elektrischen Eigenschaften für hochbeanspruchte technische Anwendungen geeignet [17; 23]. HLPs sind für den Einsatz unter harschen Bedingungen mit dem Ziel langer Lebensdauern gedacht [17]. Trotz der großen Kosten von Hochleistungspolymeren werden diese aufgrund ihrer hervorragenden Werkstoffeigenschaften und dem damit verbundenen großen Kosten/Nutzen-Verhältnis vermehrt in der Industrie eingesetzt. Teilweise sind diese Polymere Metallen oder Keramiken in ihren Eigenschaften überlegen. [9; 20]

Die Festigkeit und Wärmeformbeständigkeit von Polymeren wird maßgeblich durch die Stabilität der Molekülstruktur bzw. durch die Stärke der Bindungen zwischen den einzelnen Molekülbausteinen bestimmt. Üblicherweise lässt sich die Wärmeformbeständigkeit von thermoplastischen Polymeren durch den Einbau von Benzolringen vergrößern, wie es beispielsweise bei PC, PET und PBT der Fall ist. Eine weitere Vergrößerung der Temperatureinsatzgrenzen lässt sich mit der engen Verknüpfung von Benzolringen erreichen. Wie in Bild 67 dargestellt, wird das beispielsweise durch den Einbau von Sauerstoffatomen, Sulfongruppen oder Schwefelatomen, wie bei Polyarylsulfonen (PSU/PES) und Polyethylensulfid (PPS), umgesetzt. Bei Polyamiden wird die Vergrößerung der Stabilität der Molekülstruktur durch die Verknüpfung von Benzolringen und stickstoffhaltigen Ringsystemen erreicht. [17; 18]

Bild 67: Benzolringstrukturen für die Vergrößerung der Wärmeformbeständigkeit von thermoplastischen Polymeren nach [18]

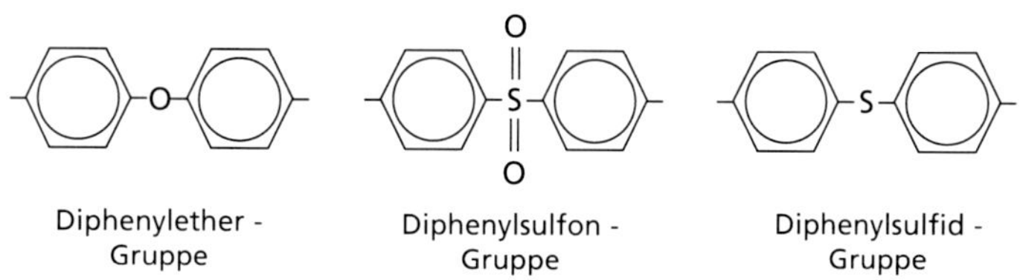

Der ursprüngliche Anreiz für die Entwicklung neuer HLPs kommt aus dem Bereich der Raumfahrt. Dort werden leichte und stabile Materialien benötigt, die große Oberflächentemperaturen aushalten können. Ebenso werden bei militärischen und zivilen Flugzeugen zunehmend konventionelle Materialien durch Polymere ersetzt, sodass eine große Prozentzahl dieser Maschinen aus HLPs besteht [17]. Einsatzgebiete für Hochleistungspolymere sind der Automobilbau, Luft- und Raumfahrt, Elektrotechnik, Lebensmittelindustrie, Verpackungstechnik, Medizin und der allgemeine Maschinenbau [9; 20; 23].

Unter den Thermoplasten gibt es mehrere Polymerklassen, die aufgrund ihrer Werkstoffeigenschaften zu den Hochleistungspolymeren gezählt werden [9; 17; 18]:

Fluorpolymere

Bei Fluorpolymeren handelt es sich um teilkristalline Thermoplaste mit perfluorierten Monomeren. Aufgrund der stabilen Fluorverbindungen besitzen Fluorpolymere eine große Chemikalien- und Temperaturbeständigkeit (Dauergebrauchstemperatur: $T_D \geq 150$ °C). Sie weisen einen großen Kristallisationsgrad und eine große Dichte von bis zu 2,2 g/cm^3 auf. Beispiele für diese Polymerklasse sind Polytetrafluorethylen (PTFE) und Polyvinylidenfluorid (PVDF) [9]. Trotz ihrer großen Temperaturbeständigkeit besitzen fluorhaltige Polymere eine kleine Festigkeit und Steifigkeit sowie eine große Kriechneigung unter Belastung. Aus diesem Grund sind diese nicht als Konstruktionswerkstoffe geeignet. [18]

Polysulfide und -sulfone

Polysulfide und Polysulfone sind Polymere bestehend aus aromatischen Monomereinheiten, welche über Schwefelbrücken verbunden sind. Sie weisen eine große Chemikalien- und Temperaturbeständigkeit (Dauergebrauchstemperatur: $T_D = 150 - 200$ °C) auf und gelten als Lebensmittelkompatibel [9; 18]. Aufgrund der großen Resistenz gegenüber Mineralsäuren, Laugen, Elektrolyten und Oxidationsmitteln werden diese Polymere in medizinischen Geräten, der Lebensmittelverarbeitung, Zuführ-/Dosiersystemen aber auch in der Automobil- und Elektronikindustrie eingesetzt [17]. Beispiele für die Polysulfone sind die amorphen Polymere Polysulfon (PSU), Polyethersulfon (PES) und Polyethylensulfon (PPSU). Für die Polysulfide ist nur das teilkristalline Polyethylsulfid (PPS) von technischer Bedeutung. [9; 18]

Polyaryletherketone

Polyaryletherketone sind teilkristalline Hochleistungspolymere mit sehr großer Temperaturbeständigkeit (Dauergebrauchstemperatur: $T_D \geq 250$ °C), großer Festigkeit und Steifigkeit sowie einer sehr großen Beständigkeit gegen fast alle organischen und anorganischen Chemikalien. Polyaryletherketone enthalten in ihrer Polymerkette Ether- und Keton-Gruppen. Der Anteil zwischen Ether-Gruppen und Keton-Gruppen bestimmen dabei maßgeblich die Schmelz- und Glasübergangstemperaturen und somit die mechanische Belastbarkeit unter Temperatureinfluss der unterschiedlichen Polyaryletherketone. Aufgrund der außergewöhnlichen mechanischen, thermischen und chemischen Eigenschaften wird diese Gruppe besonders in der Luft- und Raumfahrt, Elektronik- und Automobilindustrie eingesetzt. Der Hauptvertreter der Polymergruppe ist das Polyetheretherketon (PEEK). [9; 18; 20; 23]

(Aromatische) Polyimide

Polyimide sind Polymere, die eine Imid-Gruppe, bestehend aus einer aromatischen Monomereinheit, Stickstoff und zwei Carbonylgruppen, besitzen. Bei den Polyimiden lässt sich zwischen temperaturfesten duroplastischen Polyimiden und leichter verarbeitbaren thermoplastischen Polyimiden unterscheiden [9]. Generell verfügen Polyimide über hervorragende thermische und mechanische Eigenschaften (Dauergebrauchstemperatur: $T_D \geq 250$ °C). Sie besitzen eine sehr große Festigkeit und Steifigkeit, aber auch eine kleine Zähigkeit. Aufgrund ihrer großen Stabilität sind sie schwer zu verarbeiten und müssen für die Bearbeitung oft durch Zusatzstoffe weicher gemacht werden. Durch die Reibungseigenschaften werden Polyimide für Formteile verwendet, bei denen große Anforderungen an die Reibeigenschaften bei erhöhten Temperaturen und gleichzeitiger großer mechanischer Belastungen bestehen [17; 18]. Beispiele für die Polymergruppe sind Polyetherimid (PEI), Polybenzimidazole (PBI), Polyamidimid (PAI) und Polyimid (PI) [9].

11.1.2 Werkstoffeigenschaften von Hochleistungspolymeren

Hochleistungspolymere unterscheiden sich maßgeblich in ihren mechanischen, elektrischen und thermischen Eigenschaften von anderen Polymeren. Aber auch die einzelnen Polymere und Polymergruppen unterscheiden sich untereinander in ihren Werkstoffeigenschaften. Im Folgenden werden verschiedene Hochleistungspolymere bezüglich der wichtigsten Werkstoffeigenschaften verglichen.

Mechanische Eigenschaften

Die mechanischen Eigenschaften der meisten Hochleistungspolymere unterscheiden sich bei Raumtemperatur nur unwesentlich von den mechanischen Eigenschaften von technischen Polymeren. Polysulfide, Polyaryletherketone und Polyimide zeigen große mechanische Festigkeiten (siehe Tabelle 12) und werden deshalb für hochbeanspruchte Komponenten verwendet [9]. Fluorpolymere besitzen vergleichsweise kleine Festigkeiten [9; 18]. Die mechanischen Eigenschaften sind von der Verarbeitung der Polymere abhängig. Gegossene Polymere besitzen anisotrope Fließeigenschaften. Isostatische oder drucklos gegossene Polymere zeigen ein annähernd isotropes Verhalten [9]. Die mechanischen Eigenschaften relevanter Hochleistungspolymere sind in Tabelle 12 dargestellt.

Tabelle 12: Mechanische Eigenschaften relevanter Hochleistungspolymere

HLP	PEEK	PTFE	PSU	PPS	PAI	PEI	PI	PBI
Kategorie	Polyaryl-ether-ketone	Fluor-polymer	Polysulfide / -sulfone		Polyimide			
Streck-grenze [MPa]	95 – 110 [9; 19; 20]	20 [9]	90 [9]	40 – 90 [9; 20]	150 [9]	105 – 185 [9; 20]	80 [9; 134]	130 – 160 [9; 134]
E-Modul [MPa]	3500 – 4300 [9; 134]	350 – 700 [9; 18]	2700 [9]	3450 – 3950 [9; 20]	4100 [9]	3500 [9]	2950 – 3200 [9; 134]	5800 [9; 134]

Schmelz- und Einsatztemperatur

Die Schmelztemperatur beschreibt bei Polymeren den Übergang vom festen bzw. elastischen Zustand zum plastischen Zustand. Jedoch besitzt nicht jedes Polymer einen eindeutigen Schmelzpunkt. Duroplastische und manche thermoplastische Polymere können nicht aufgeschmolzen werden. Nach Überschreitung der Zersetzungstemperatur (T_Z) setzt bei diesen Polymeren der thermisch-oxidative Abbau des Materials ein. Dabei reagiert das Polymer mit Sauerstoff und zersetzt sich unter Verkohlung und Verbrennung. [9; 18]

Bei den restlichen thermoplastischen Polymeren kann ein unterschiedliches Verhalten während der Aufheizung von amorphen und teilkristallinen Thermoplasten beobachtet werden (siehe Bild 68). Bei amorphen Thermoplasten nimmt die Festigkeit während der Aufheizung fast linear bis hin zur Glasübergangstemperatur (T_G) ab. Teilkristalline Thermoplaste weisen dagegen einen stufenförmigen Verlauf in der Abnahme der Festigkeit während der Aufheizung auf. Zuerst wird die Glasübergangstemperatur erreicht, bei welcher die amorphen Gefügebestandteile erweicht werden, was mit einer deutlichen Abnahme der mechanischen Festigkeit einhergeht. Bei einer weiteren Aufheizung wird die (Kristallit)-Schmelztemperatur (T_M) erreicht, bei welcher die temperaturbeständigeren kristallinen Gefügebestandteile geschmolzen werden. [9; 18]

Bild 68: Temperaturabhängige Festigkeitskurven bei amorphen und teilkristallinen Thermoplasten nach [18]

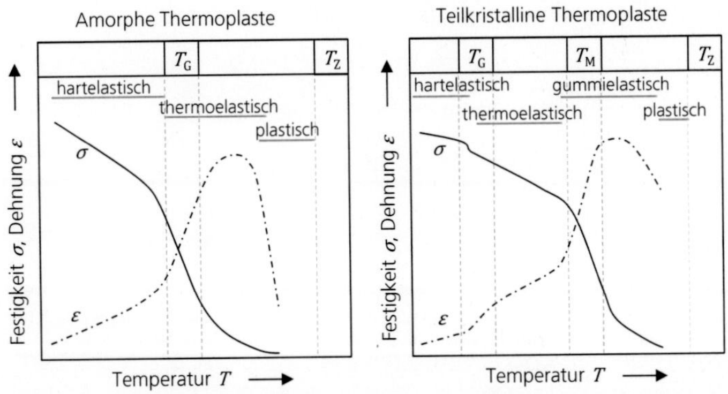

Aufgrund des eintretenden Härteverlustes beim Erreichen der Glasübergangstemperatur sind die meisten thermoplastischen Polymere nur bis knapp unterhalb dieser Temperatur belastbar. Die Dauergebrauchstemperatur (T_D) ist ein Wert, um die maximale Einsatztemperatur von Polymeren unter langanhaltender Belastung zu quantifizieren. Diese bezeichnet die Temperaturgrenze, bei der das Material nach einer definierten Zeit die Hälfte seiner Ausgangsfestigkeit bei Raumtemperatur aufweist. Die meisten Hochleistungspolymere besitzen ähnliche Dauergebrauchstemperaturen im Bereich von 250 °C bis 280 °C [9]. Die (Kristallit-) Schmelztemperatur (T_M), Glasübergangstemperatur (T_G) und Dauergebrauchstemperatur (T_D) relevanter Hochleistungspolymere sind in Tabelle 13 dargestellt:

Tabelle 13: Schmelztemperatur, Glasübergangstemperatur und Dauergebrauchstemperatur relevanter Hochleistungspolymere

HLP	PAEK	PTFE	PSU	PPS	PAI	PEI	PI	PBI
Kategorie	Polyarylетherketone	Fluorpolymer	Polysulfide / -sulfone		Polyimide			
Schmelztemperatur T_M [°C]	335 – 340 [9; 18; 19]	320 – 330 [9; 18]	190 [9]	280 – 290 [9; 18]	275 [9]	220 [9]	-	-
Glasübergangstemperatur T_G [°C]	140 - 143 [18; 20; 134]	– 20 [9]	190 [9]	90 [9]	275 [9]	217 – 220 [9; 20]	370 [9]	420 [9]
Dauergebrauchstemperatur T_D [°C]	250 – 260 [19; 20]	260 [9; 18]	150 - 170 [9; 18]	220 – 240 [9; 18]	260 [9]	170 – 260 [9; 18]	260 – 290 [9; 18]	310 [9]

Thermische Zersetzung / Brandverhalten

Alle Polymere besitzen eine Zersetzungstemperatur T_Z, bei deren Überschreitung der thermisch-oxidative Abbau des Materials einsetzt. Dieser zeigt sich durch eine Verkohlung und Verbrennung. Die Zersetzungstemperatur ist nicht nur temperatur- und zeitabhängig, sondern wird auch von den Umgebungsbedingungen (Sauerstoffzufuhr) beeinflusst. [18]

Neben der temperaturabhängigen Zersetzung kann eine Verkohlung/Verbrennung auch durch eine externe Zündquelle verursacht werden. In welcher Form, Stärke und Geschwindigkeit die Zersetzung eintritt, ist dabei von dem Polymer abhängig. Generell ist ein großer Teil aller Polymere leicht brennbar, wodurch oft eine Additivierung durch flammhemmende Zusätze notwendig ist. HLPs sind bereits unadditiviert sehr stabil und besitzen deshalb ein vergleichsweises vorteilhaftes Brandverhalten [9]. Das Brandverhalten lässt sich standardmäßig mittels UL94 Versuche nach DIN EN ISO 9773 [135] oder dem Sauerstoffindex (LOI) nach DIN EN ISO 4589 [136] bewerten. Der Sauerstoffindex beschreibt dabei die vorliegende Sauerstoffkonzentration, die notwendig ist, um die Verbrennung des Polymers aufrechtzuerhalten. Bis auf das Polymer PSU werden fast alle HLPs der Kategorie „selbstlöschend" zugeordnet. Einen besonders großen Sauerstoffindex besitzt das PTFE mit 95 %. [9]

Der Sauerstoffindex relevanter Hochleistungspolymere ist in Tabelle 14 dargestellt [9]:

Tabelle 14: Sauerstoffindex (LOI) relevanter Hochleistungspolymere [9]

HLP	PAEK	PTFE	PSU	PPS	PAI	PEI	PI	PBI
Kategorie	Polyaryl-ether-ketone	Fluor-polymer	Polysulfide / -sulfone		Polyimide			
Sauerstoff-index [%]	35	95	25	50	45	50	55	60

Während der Verbrennung von Polymeren ist die Entstehung von Rauch und toxischen Gasen möglich. Die Rauchgasentwicklung der HLPs ist klein, wobei die Polyaryletherketone (z. B. PEEK) eine besonders kleine Entwicklung von Rauch aufweisen. Die entstehenden Gase sind vorwiegend Kohlenstoffmonoxid (CO) und Kohlenstoffdioxid (CO_2) sowie teilweise Schwefelgase (SO_2, H_2S) und Stickoxide (NO, NO_2). Diese Gase treten jedoch bei HLPs nur in kleinen Mengen auf, sodass die entstehenden Konzentrationen unter den Grenzwerten liegen. Lediglich bei der Verbrennung von Fluorpolymeren (PTFE) können gefährliche Fluorwasserstoffe (HF) entstehen, die eine Gefahr für den Menschen darstellen können. [9]

Tribologische Eigenschaften

Polymere sind in der Tribologie weit verbreitet und werden mit steigendem Trend angewendet [15; 16]. Insbesondere einige HLPs sind für tribologische Anwendungen geeignet. Das liegt vor Allem an deren Not- bzw. Trockenlaufeigenschaften und an ihrem großen Verschleißschutz im Vergleich zu konventionellen Polymeren [134]. Dennoch gibt es je nach Anwendungsszenario große Unterschiede bei den reibmindernden Eigenschaften und dem Verschleißschutz zwischen den verschiedenen HLPs [9; 16].

Das generelle Ziel bei der Auswahl tribologischer Materialien sind Werkstoffe mit kleinen Reibungskoeffizienten und kleinen Verschleißraten zu verwenden. Die Reibungs- und Verschleißkoeffizienten relevanter Hochleistungspolymere sind in Tabelle 15 dargestellt [9]:

Tabelle 15: Reibungs- und Verschleißkoeffizienten relevanter Hochleistungspolymere [9]

HLP	PAEK	PTFE	PSU	PPS	PAI	PEI	PI	PBI
Kategorie	Polyaryl-ether-ketone	Fluor-polymer	Polysulfide / -sulfone		Polyimide			
Reibungs-koeffizient	0,3 – 0,5	0,1 – 0,2	0,5 – 0,6	0,45 – 0,55	0,35 – 0,6	0,3 – 0,4	0,3 – 0,4	0,3 – 0,5
Verschleiß-koeffizient [µm/km]	28	1500	6400	–	5	1325	7	3

PTFE besitzt einen besonders kleinen Reibungskoeffizienten von 0,1 bis 0,2. Doch aufgrund seiner kleinen mechanischen Festigkeit zeigt es sehr große Verschleißraten von 1500 µm/km. Außergewöhnlich kleine Verschleißraten im Bereich 3 – 7 µm/km haben Polyimide (PI, PAI, PBI). Diese besitzen aber eine schlechte Verarbeitbarkeit und sind deshalb für reibmindernde Beschichtungen eher ungeeignet. Das Polymer Polyetheretherketon (PEEK) besitzt einen Reibungskoeffizienten von 0,3 bis 0,5 und eine Verschleißrate von 28 µm/km. Durch die Kombination aus kleinem Reibungskoeffizienten und kleiner Verschleißrate, ist es als Beschichtungswerkstoff für reibmindernde Anwendungen geeignet. [9]

In der Anwendung werden HLPs oft mit Mikro- und Nanofüllern versehen, um die tribologischen Eigenschaften zusätzlich zu verbessern. Diese Füller sind z. B. anorganische Partikel und können die Verschleißrate senken. Das wird entweder durch die Veränderung der mechanischen Eigenschaften (Härte, Steifigkeit) erreicht oder indem sich belastbare Transferfilmschichten zwischen den Reibpartnern bilden. Die Verwendung von Füllern sorgt gleichzeitig für die Bildung von Diskontinuitäten innerhalb der Polymermatrix, wodurch sich die Anfälligkeit zur Bildung von Verschleißpartikeln erhöht. Aus diesem Grund liegt oft ein kritischer Füllstoffgehalt vor, ab welchem keine Verbesserung der tribologischen Eigenschaften mehr eintritt [15]. Beispielhafte Füllstoffe sind Graphit, Fluorkohlenstoffe, Molybdänsulfid, Kohlenstofffasern oder Carbon-Nanotubes [9; 20].

Zusammenfassend lassen sich Polymere je nach Dauergebrauchstemperatur in Standardpolymere, technische Polymere und Hochleistungspolymere kategorisieren. HLPs sind neben ihrer maximalen Einsatztemperatur oft auch in ihren anderen Werkstoffeigenschaften gegenüber konventionellen Polymeren überlegen. Dennoch unterscheiden sich die verschiedenen Klassen der Hochleistungspolymere in mechanischen, chemischen und tribologischen Eigenschaften teilweise stark voreinander. Bei der Auswahl eines geeigneten Materials für reibmindernde Beschichtungen zeichnet sich das Polyetheretherketone als vielversprechendes Material aus. Durch die Kombination aus großer Festigkeit, großer Dauergebrauchstemperatur, kleinem Reibungskoeffizienten und kleiner Verschleißrate, ist es für reibmindernde Anwendungen geeignet.

11.2 Werkstoffeigenschaften PEEK-Pulver VESTAKEEP 1000 UFP10

Tabelle 16: Werkstoffeigenschaften von PEEK-Pulver VESTAKEEP 1000 UFP10 nach [118]

Werkstoffeigenschaft	Wert	Testmethode
Dichte (23 °C)	1,3 g/cm^3	ISO 1183
Zugversuch		
E-Modul (E_t)	3800 MPa	ISO 527-1
Streckspannung (δ_Y)	105 MPa	ISO 527-1
Streckdehnung (ε_Y)	5,5 %	ISO 527-1
Bruchdehnung (ε_B)	10 %	ISO 527-1
Wärmeformbeständigkeitstemperatur (HDT)		
Methode A (1,8 MPa)	155 °C	ISO 75-1
Methode B (0,45 MPa)	205 °C	ISO 75-1
Vicat-Erweichungstemperatur		
Methode A (10 N)	335 °C	ISO 306
Methode B (50 N)	310 °C	ISO 306
Schmelztemperatur (T_M)	340 °C	ISO 11357

11.3 Thermophysikalische Eigenschaften von partikulärem PEEK nach *Sändker*

Bei der Untersuchung der thermophysikalischen Eigenschaften des PEEK-Pulvers wird die dynamische Differenzkalorimetrie (DSC) zur Bestimmung der Schmelz- und Zersetzungstemperatur sowie zur Bestimmung der Temperaturabhängigkeit von Wärmekapazität und Wärmeleitfähigkeit durchgeführt. Ebenso wird die temperaturabhängige Änderung von Oberflächenspannung mittels Bildanalyse eines hängenden, schmelzflüssigen PEEK-Tropfens und die Schmelzviskosität mittels Oszillationsrheometer gemessen. Auch die temperaturabhängigen optischen Eigenschaften von PEEK werden bestimmt.

Nach der DSC-Messung beträgt die Schmelztemperatur (340 ± 2) °C [11]. Dieser Wert deckt sich mit den Literaturangaben aus Kapitel 2.1 [9; 18; 19]. Für die Zersetzungstemperatur wird ein Wert von (454 ± 13) °C gemessen [11]. Auch dieser Wert stimmt mit Literaturangaben (450 °C [128]) überein. Die Messung der spezifischen Wärmekapazität zeigt eine lineare Zunahme von $c_p \approx 1{,}0$ kJ/kgK bei Raumtemperatur auf $c_p \approx 2{,}5$ kJ/kgK bei 320 °C. Nach dem Schmelzen beträgt die spezifische Wärmekapazität $c_p \approx 2{,}2$ kJ/kgK. Die Wärmeleitfähigkeit bleibt für den gemessenen Temperaturbereich konstant bei (0,29 ± 0,02) W/mK. [11]

Die Schmelzviskosität von PEEK nimmt exponentiell mit steigender Temperatur ab. Bei 360 °C wird ein Wert von ca. 240 Pas und bei 400 °C von ca. 120 Pas gemessen. Die Untersuchung der Oberflächenspannung des schmelzflüssigen PEEKs ergeben einen konstanten Wert von (45 ± 8) mN/m im Temperaturbereich 350 – 430 °C. Entsprechend der Ergebnisse wird durch *Sändker* die Annahme getroffen, dass durch größere Temperaturen der Schmelze die notwendige Zeit zur Verdichtung einer PEEK-Schicht während des Laserschmelzens verkürzt werden kann. [11]

11.4 Entwicklung des Applikationsverfahrens für das Beschichtungsmaterial PEEK

Um das partikuläre PEEK mittels Dispensverfahren verarbeiten zu können ist die Herstellung einer Dispersion notwendig, in welcher das PEEK gleichmäßig und fein dispergiert ist. Die Stabilität der Dispersion soll möglichst lange erhalten bleiben, also eine Separation des partikulären PEEKs am Boden verhindert werden. Zudem ist eine schnelle Verdunstungsgeschwindigkeit des Lösungsmittels zu vermeiden, da die Verdunstung zu einer Änderung des Mischungsverhältnisses zwischen PEEK und Lösungsmittel führt.

Zur Auswahl eines geeigneten Lösungsmittels wird die Dispersionsstabilität verschiedener Kombinationen aus PEEK und Lösungsmitteln untersucht. Das PEEK wird in einem Massenverhältnis von 1:3 (25 % PEEK: 75 % Lösungsmittel) jeweils mit Isopropanol (IPA), Triethylenglykolmonomethylether (TGME) und Ethylenglykol (EG) vermischt. Die hergestellten Dispersionen werden über einen Zeitraum von zwei Wochen gelagert und die Separation bestimmt. In Bild 69 sind fotografische Aufnahmen der drei Dispersion nach Lagerzeiten von einer Stunde, einem Tag, einer Woche und zwei Wochen dargestellt.

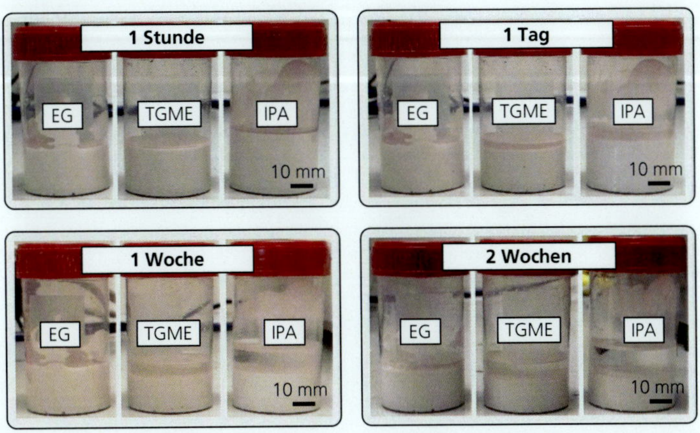

Bild 69: Dispersionen bestehend aus partikulärem PEEK vermischt mit EG, TGME und IPA jeweils im Massenverhältnis 1:3 nach den Lagerzeiten 1 Stunde, 1 Tag, 1 Woche und 2 Wochen

Nach einer Stunde ist bei den Dispersionen mit EG und TGME keine Separation von PEEK und Lösungsmittel erkennbar. Bei der Dispersion mit IPA ist eine kleine Separation des Lösungsmittels an der Oberfläche sichtbar. Nach einem Tag sind IPA und PEEK weiter entmischt. Auch bei der Dispersion mit TGME ist jetzt eine Separation erkennbar. Die Dispersion mit EG ist unverändert. Nach einer Woche hat sowohl bei der Dispersion mit IPA als auch mit TGME der Separationsgrad weiter zugenommen. Die Dispersion mit EG zeigt keine Änderung. Nach zwei Wochen weist die EG-basierte Dispersion ein erstes Separieren auf. Die Phasen in den Dispersionen mit TGME und IPA haben sich noch weiter entmischt.

Die Dispersion aus PEEK und EG weist die größte Dispersionsstabilität der untersuchten Kombinationen auf und kann eine Woche ohne sichtbare Separation gelagert werden. Die Dispersion mit TGME ist über den Zeitraum von einer Stunde stabil. Die Dispersion mit IPA ist nur für einige Minuten verwendbar. Aufgrund der großen Stabilität der Kombination aus PEEK und EG wird dieses Lösungsmittel für die weitere Herstellung von Dispersionen verwendet.

Für die Identifikation geeigneter Parameter für die Herstellung dünner und reproduzierbarer Schichten mittels des Dispensverfahrens wird folgendes Vorgehen verwendet (siehe Bild 70):

Bild 70: Methodisches Vorgehen zur Bestimmung von geeigneten Parametern für das Dispensen von partikulären PEEK-Dispersionen

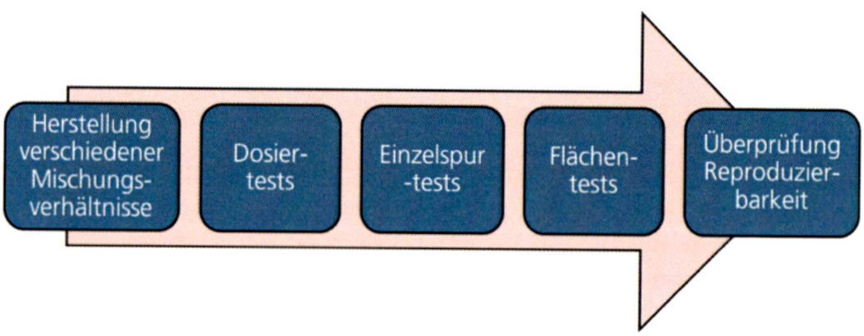

Im ersten Schritt werden verschiedene Mischungsverhältnisse aus PEEK und EG hergestellt. Die verwendeten massenbezogenen Verhältnisse sind 1:2; 1:2,25; 1:2,5 und 1:3 (PEEK:EG)[15]. Als nächstes wird ein Dosiertest für die einzelnen Mischungsverhältnisse durchgeführt. Dafür wird für jede Dispersion ein Nadeldurchmesser identifiziert, bei welchem sowohl die Wahrscheinlichkeit einer Verstopfung der Nadel klein ist als auch ein Ausfließen des Materials ohne Kartuschendruck verhindert wird. Dafür wird in einem statischen Versuch der Nadeldurchmesser schrittweise verringert und die Dispersion für 10 s dispenst. Nach Ende des Dispensprozesses wird das Ausfließen beobachtet. Der Nadeldurchmesser, bei welchem kein Ausfließen nach dem Ausschalten mehr stattfindet, wird für die weitere Untersuchung ausgewählt. Darauffolgend werden Einzelspurtests durchgeführt. Diese Untersuchung gilt der Identifikation der Verfahrensparame-

[15] Die verwendeten Mischungsverhältnisse werden entsprechend ihrer Viskosität beim Anrühren ausgewählt. Dispersionen mit dem Mischungsverhältnis kleiner 1:2 waren pastenartig und Dispersionen mit dem Mischungsverhältnis größer 1:3 sehr dünnflüssig. Die Mischungsverhältnisse in dem Bereich dazwischen werden so ausgewählt, dass beim Anrühren ein eindeutiger Unterschied in der Viskosität sichtbar ist.

ter Vorschubgeschwindigkeit, Rezept (Parameter der Software des Dispensers zur Abschätzung der Viskosität), Abstand zwischen Dispensernadel und Substratoberfläche sowie Volumenstrom. Das Ziel ist es, möglichst dünne Einzelspuren zu applizieren ohne dass die Ablagespur unterbrochen wird.

Beim darauffolgenden Flächentest werden die Parameter vom Einzelspurtest verwendet, um mittels mäanderförmiger Bearbeitungsstrategie flächige Schichten herzustellen. Dabei wird der Spurabstand zwischen den Einzelspuren variiert, bis eine geschlossene Schicht entsteht. Als Parameter wird der größte mögliche Spurabstand, bei dem eine geschlossene Schicht erzielt wird, gewählt.

Die Herstellung von geschlossenen Schichten ist mit dem Mischungsverhältnis 1:2 nicht erfolgreich. Die Dispersion ist zu viskos, um die Lücken zwischen den Einzelspuren während der mäanderförmigen Bearbeitung zu schließen. Mit allen anderen Mischungsverhältnissen lassen sich dichte PEEK-Schichten auf den Substraten applizieren, obwohl sich mit abnehmender Viskosität die Lücken in der Schicht schneller schließen und eine Applikation erleichtert wird. In Tabelle 17 sind die Parameter zur Applikation dichter, partikulärer PEEK-Schichten in Abhängigkeit vom Mischungsverhältnis dargestellt.

Tabelle 17: Verfahrensparameter für die Applikation dichter, partikulärer PEEK-Schichten in Abhängigkeit vom Mischungsverhältnis

Mischungs-verhältnis (wt%)	**Nadel-durch-messer [mm]**	**Rezept [mPas]**	**Abstand Nadel Substrat [µm]**	**Vorschub [mm/s]**	**Volumen-strom [mm³/s]**	**Spur-abstand [mm]**
1:3	0,26	10^3	100	20	1	0,20
1:2,5	0,26	10^3	100	15	1	0,08
1:2,25	0,34	10^4	100	10	0,4	0,20

Die Wahrscheinlichkeit einer Verstopfung der Nadel sowie die Bildung von Lücken innerhalb der Schicht ist für das Mischungsverhältnis 1:3 am kleinsten. Aus diesem Grund werden die PEEK-Schichten in der vorliegenden Arbeit mit den in Tabelle 17 dargestellten Parametern für das Mischungsverhältnis 1:3 appliziert.

Die Ergebnisse der Reproduzierbarkeitsuntersuchung und Bilder der hergestellten Schichten sind in Kapitel 4.3 dargestellt.

11.5 Temperaturabhängige Materialeigenschaften von Aluminium EN AW-6082

Tabelle 18: Temperaturabhängige Materialeigenschaften von Aluminium EN AW-6082 nach [115]

Temperatur [°C]	Dichte ρ [g/cm³]	Wärmeleitfähigkeit λ [W/mK]	Wärmekapazität c_p [kJ/kgK]
0	2,68	146,7	0,84
25	2,68	149,9	0,85
50	2,67	154,0	0,87
75	2,67	157,1	0,89
100	2,67	160,8	0,91
125	2,66	161,3	0,91
150	2,66	161,0	0,92
175	2,65	161,7	0,92
200	2,65	163,1	0,93
225	2,64	166,4	0,93
250	2,64	162,1	0,91
275	2,63	162,4	0,80
300	2,63	161,9	0,86
325	2,62	162,1	0,94
350	2,62	165,4	0,97
375	2,61	166,1	0,99
400	2,61	167,0	1,01
425	2,60	169,1	1,05
450	2,60	172,2	1,09
475	2,59	173,9	1,12
500	2,59	174,1	1,15
525	2,59	173,6	1,19
550	2,58	162,2	1,24
575	2,52	83,9	1,21
600	2,38	68,7	1,18
625	2,36	68,0	1,16
650	2,36	67,0	1,13
675	2,35	66,4	1,10
700	2,33	66,8	1,09
800	2,32	68,7	1,09

11.6 Leistungsmessungen

Bild 71: Leistungsmessung des CO2-Lasers ($\lambda = 10600$ nm) Firestar V30 von Synrad bei einer Pulsfrequenz von 10 kHz

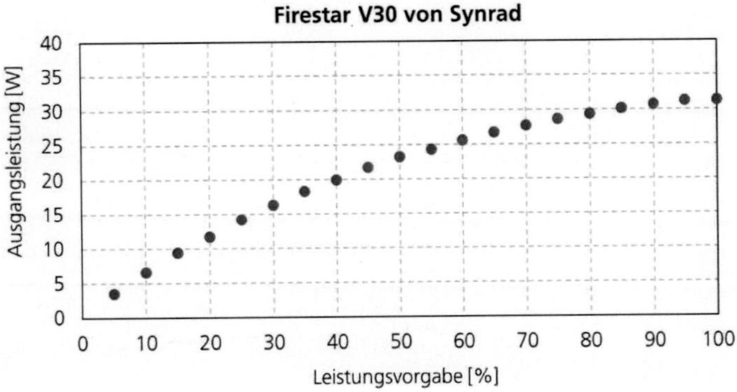

Bild 72: Leistungsmessung des Diodenlasers ($\lambda = 980$ nm) LDM500 von Laserline GmbH

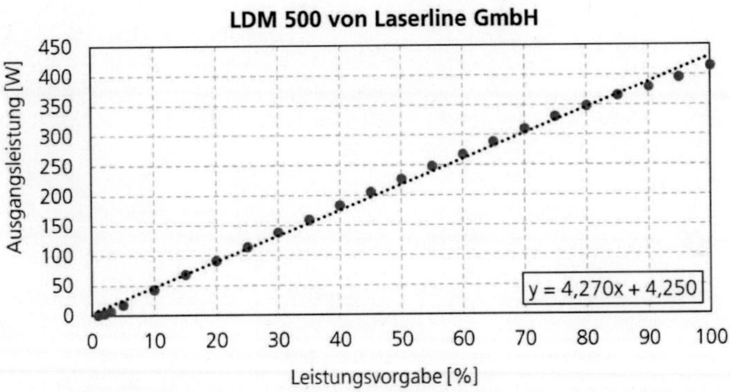

Bild 73: Leistungsmessung des CO_2-Lasers (λ = 10600 nm) LCM von EL.EN S.p.A. Electronic Engineering in Abhängigkeit von den eingeschalteten Netzteile

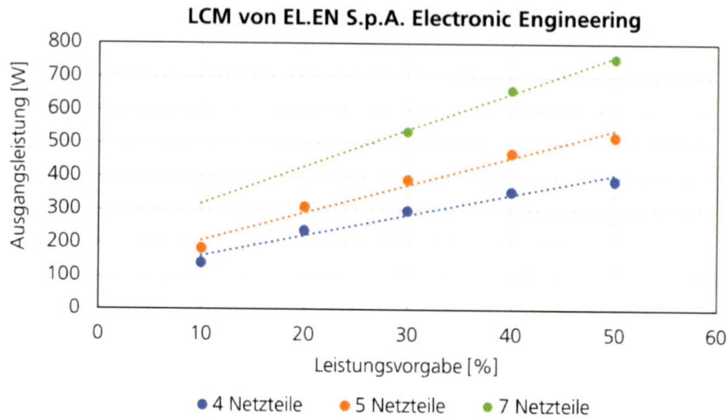

Bild 74: Leistungsmessung des Diodenlasers (λ = 980 nm) LDM 6000 W von Laserline GmbH

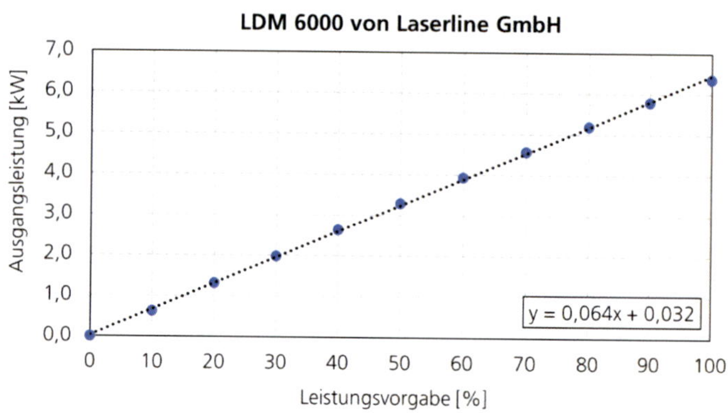

In der Reihe **Ergebnisse aus der Lasertechnik** zuletzt erschienen:

Dahmen, Marius:

Laserbasierte Funktionalisierung von partikulären Polyetheretherketon-Beschichtungen auf Aluminiumsubstraten mittels Zwei-Strahl-Ansatz

ISBN: 978-3-98555-190-3

Erscheinungsdatum: 12.12.2023

Klein, Sarah:

Faser-Bragg-Gitter für die Frequenzstabilisierung multimodiger Hochleistungslaserdioden und -faserlaser

ISBN: 978-3-98555-183-5

Erscheinungsdatum: 08.12.2023

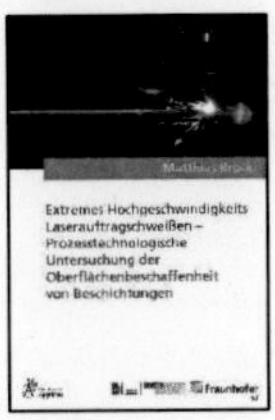

Brucki, Matthias:

Extremes Hochgeschwindigkeits-Laserauftragschweißen – Prozesstechnologische Untersuchung der Oberflächenbeschaffenheit von Beschichtungen

ISBN: 978-3-98555-180-4

Erscheinungsdatum: 07.11.2023

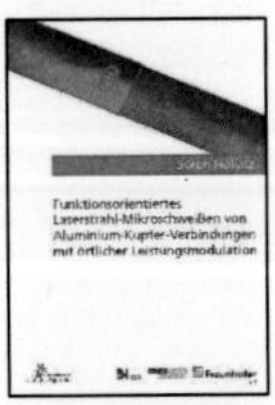

Hollatz, Sören:

Funktionsorientiertes Laserstrahl-Mikroschweißen von Aluminium-Kupfer-Verbindungen mit örtlicher Leistungsmodulation

ISBN: 978-3-98555-178-1

Erscheinungsdatum: 03.11.2023

Nguyen, Nam-Phong:

Laserdurchstrahlschweißen von transparenten Kunststoffen mit Thulium-Faserlaserstrahlung

ISBN: 978-3-98555-172-9

Erscheinungsdatum: 18.09.2023

Haasler, Dennis:

Tiefbohren in Metallen mittels ultrakurzen Laserpulsen

ISBN: 978-3-98555-119-4

Erscheinungsdatum: 24.11.2022

Rödler, Georg:

Entwicklung des selektiven Laserstrahlschmelzens für Al-Ni-Legierungen

ISBN: 978-3-98555-118-7

Erscheinungsdatum: 03.11.2022

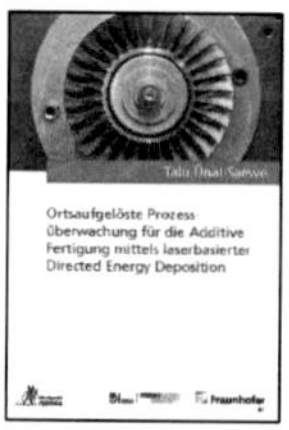

Ünal-Saewe, Talu:

Ortsaufgelöste Prozessüberwachung für die Additive Fertigung mittels laserbasierter Directed Energy Deposition

ISBN: 978-3-98555-113-2

Erscheinungsdatum: 10.10.2022

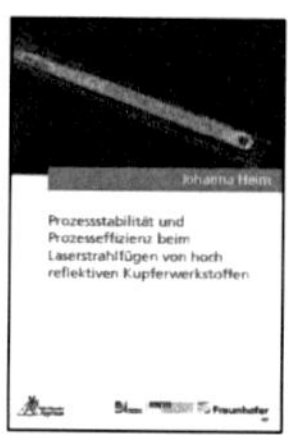

Helm, Johanna:

Prozessstabilität und Prozesseffizienz beim Laserstrahlfügen von hoch reflektiven Kupferwerkstoffen

ISBN: 978-3-98555-112-5

Erscheinungsdatum: 10.10.2022

Meineke, Georg:

Opto-kalorisches Schalten zur Sortierung fluoreszenzmarkierter Partikel in Mikrofluidiken

ISBN: 978-3-98555-109-5

Erscheinungsdatum: 10.10.2022

Edition Wissenschaft
Apprimus

MIX
Papier | Fördert gute Waldnutzung
FSC® C083411

Zeitfracht Medien GmbH
Ferdinand-Jühlke-Straße 7
99095 Erfurt, Deutschland
produktsicherheit@kolibri360.de